给水排水专业设计手册发展与建筑给水排水常见问题拾遗

王烽华　王　成　编著

中国建筑工业出版社

图书在版编目（CIP）数据

给水排水专业设计手册发展与建筑给水排水常见问题拾遗/
王烽华，王成编著. —北京：中国建筑工业出版社，2017.6
ISBN 978-7-112-20480-9

Ⅰ.①给…　Ⅱ.①王…②王…　Ⅲ.①建筑-给水工程②建
筑-排水工程　Ⅳ.①TU82

中国版本图书馆CIP数据核字（2017）第039098号

本书内容包括：第一部分给水排水专业设计手册的发展以及对相关规范的
认知，第二部分建筑给水排水，第三部分建筑热水，第四部分建筑消防。

本书图文并茂，是作者多年工作的经验总结，适合从事给水排水专业设计
的技术人员参考。

责任编辑：于　莉
责任设计：李志立
责任校对：赵　颖　李欣慰

给水排水专业设计手册发展与
建筑给水排水常见问题拾遗

王烽华　王　成　编著

＊

中国建筑工业出版社出版、发行（北京海淀三里河路9号）
各地新华书店、建筑书店经销
北京科地亚盟排版公司制版
北京同文印刷有限责任公司印刷

＊

开本：787×1092毫米　1/16　印张：11¼　字数：271千字
2017年7月第一版　2017年7月第一次印刷
定价：35.00元
ISBN 978-7-112-20480-9
（29977）

编 写 说 明

本书着重参考：①国家或行业现行规范、标准；②地方标准；③给水排水设计手册；④国家建筑标准设计（给水排水专业）图集；⑤华北地区建筑设计通用图集；⑥网络资料等进行编写。内容包括：第一部分　给水排水专业设计手册的发展以及对相关规范的认知；第二部分　建筑给水排水；第三部分　建筑热水；第四部分　建筑消防。4个部分共10章。

1.1 《给水排水设计手册》的发展轨迹

- 1965年中国工业出版社内部印行的俗称绿皮（第一册　材料设备）。

- 1968年中国工业出版社出版发行的俗称绿皮（第一册　材料设备、第二册　工业企业水处理、第三册　室内给水排水及热水供应、第四册　室外给水排水）共4册。

- 1973、1974、1975、1976年中国建筑工业出版社出版发行的俗称绿皮（第一册　常用资料、第二册　管渠水力计算表、第三册　室内给水排水与热水供应、第四册　室外给水、第五册　水质处理与循环水冷却、第六册　室外排水与工业废水处理、第七册　排洪与渣料水力输送、第八册　材料设备、第九册　常用设备）共9册。

- 1986年中国建筑工业出版社出版发行的俗称紫皮（第一册　常用资料、第二册　室内给水排水、第三册　城市给水、第四册　工业给水处理、第五册　城市排水、第六册　工业排水、第七册　城市防洪、第八册　电气与自控、第九册　专用机械、第10册　器材与装置、第11册　常用设备）共11册。该版手册2000年被称作第一版。

- 2000、2001年中国建筑工业出版社出版发行的第二版红皮（第一册　常用资料、第二册　建筑给水排水、第三册　城镇给水、第四册　工业给水处理、第五册　城镇排水、第六册　工业排水、第七册　城镇防洪、第八册　电气与自控、第九册　专用机械、第10册　技术经济、第11册　常用设备、第12册　器材与装置）共12册。

- 2012～2015年中国建筑工业出版社出版发行的第三版紫皮（第一册　常用资料、第二册　建筑给水排水、第三册　城镇给水、第四册　工业给水处理、第五册　城镇排水、第六册　工业排水、第七册　城镇防洪、第八册　电气与自控、第九册　专用机械、第10册　技术经济、第11册　常用设备、第12册　器材与装置）共12册。

1.2 《建筑给水排水设计手册》的发展轨迹

本专业自1949年新中国成立起，大致经历了三个发展阶段：房屋卫生技术设备（简称房卫）阶段→室内给水排水和热水供应（简称室内给水排水）阶段→建筑给水排水阶段。

于是说从1986年《建筑给水排水设计规范》定为国家标准规范为止，本学科由"室内给水排水"阶段进入"建筑给水排水"阶段。

- 1992年首次编辑中国建筑工业出版社出版发行第一版专业设计手册—《建筑给水排水设计手册》。作为实用工具书被广大给水排水设计师亲切地称为"白皮手册"。

- 2008年再次编辑中国建筑工业出版社出版发行《建筑给水排水设计手册》（第二版

上、下册），内容细腻、更具使用效果。

第2章　现行建筑给水排水设计规范与建筑给水排水设计手册适用范围

第2章明确指出手册是对规范的细化，于是可以说规范与手册的适用范围应该是现行《建筑给水排水设计规范》GB 50015—2003（2009年版）总则明确规定的建筑给水排水设计的适用范围：即适用于居住小区、公共建筑区（公建小区）、民用建筑给水排水设计，亦适用于工业建筑生活给水排水和厂房屋面雨水排水设计。

3.2　对现行《建筑给水排水设计规范》3.2.8条和3.2.8A条的注释

《建筑给水排水设计规范》3.2.8条所指只供单体建筑的生活水箱（池）与消防水箱（池）必须分开设置，是为确保生活用水的水质安全卫生。《建筑给水排水设计规范》3.2.8A条是指明当小区的生活贮水量大于消防贮水量时，小区的生活用水贮水池与消防用水贮水池可合并设置。合并设置有两个前提：首先是小区的生活贮水量大于消防贮水量，其次是合并贮水池的贮水更新周期不得大于48h，并且两个条件必须同时满足。本节仅就分开设置的供水控制方式列出以下两个方案：①由生活水箱的水位通过液位传感信号控制加压水泵的启、停，消防水箱靠液位传感信号控制电磁阀的开、合。②由生活水箱的水位通过液位传感信号控制加压水泵的启、停，消防水箱按常规做法靠水位控制阀（浮球阀）控制。

3.3　对现行《建筑给水排水设计规范》3.7.7条的注释

- 水池、水箱的设置和管道布置应符合该规范2.2.9～3.2.12条有关防水质污染的规定。其中第3.2.13条明确要求：当生活饮用水水池、水箱内的贮水48h内不能得到更新时，应设置水消毒处理装置。
- 进水管、出水管宜分别设置。
- 当利用城镇给水管网压力直接进水时：①应设置与进水管管径相同的自动水位控制阀。②当采用直接作用式浮球阀时不宜少于两个，且进水管标高应一致。
- 当水箱采用水泵加压进水时，进水管上不应设置水位控制阀，应设置液位传感装置控制加压水泵的启、停。①对于由单台加压泵向单个调节水箱供水时，则由水箱的水位通过液位传感信号控制水泵的启、停。②对于一组水泵同时供给多个水箱时，水位控制阀的损坏概率更高。原因是对多个水箱供水的水泵，通常水泵的出水量要比对单个水箱供水的水泵大，因而对于最后注满的水箱水位控制阀所受的冲击比单个水箱的要大。于是，应在每个水箱的进水管上设置电磁先导水力控制阀或电动阀……和液位传感器，通过水位监控仪实现水位自动控制。
- 溢流管宜从箱壁接出。
- 泄水管应从水池（箱）底部接出，并应装阀门，阀门后可与溢流管相连，并应采用间接排水方式排出。
- 水塔、水池应设水位监视和溢流报警装置，水箱宜设置水位监视和溢流报警装置。

4.1　居住小区生活用水定额及相关注解

- 居住小区生活用水定额（指居民生活用水量，公共建筑用水量，绿化用水量，水景、娱乐设施用水量，道路、广场用水量，公用设施用水量，管网漏失水量、未预见用水量及消防用水量等）：
- 相关注解：本节①～⑪有关内容均依据相关规范、标准予以注解，以便理解。

4.2 设计流量通过计算管段时的水流速度

- 建筑物内生产、生活给水管的水流速度；
- 消防给水管流速；
- 热水管道内的流速；
- 水泵吸水（出水）管设计流速（建筑给水水泵、消防给水水泵）；
- 贮水池进、出水管流速；
- 建筑小区给水管道的设计流速。

4.3 给水管道的沿程水头损失

多年来《室内给水排水和热水供应设计规范》GBJ 15—1964、TJ 15—1974"试行"两个版本；《建筑给水排水设计规范》GBJ 15—1988、GBJ 15—1988（1997 年版）两个版本。共四版给水排水设计规范在计算给水管道的沿程水头损失时，采用以旧钢管、旧铸铁管及塑料管为对象建立的舍维列夫公式。

《建筑给水排水设计规范》GB 50015—2003、GB 50015—2003（2009 年版）两个版本在计算给水管道的沿程水头损失时，多种管材采用能够适应不同粗糙系数管道的海澄—威廉公式，作为统一的水力计算公式。这是本行业的一次跨越。此举措中国建筑工业出版社分别于 2008 年出版发行的第二版《建筑给水排水设计手册》（第二版上册）；2012 年出版发行的第三版《给水排水设计手册》第 1 册《常用资料》、第 2 册《建筑给水排水》均已显现。

水力计算表：详见《给水排水设计手册》（第三版）第 1 册《常用资料》。

4.4 建筑物引入管及室内给水管道布置

依据现行设计规范及设计手册的有关规定，室内给水管道布置时应满足以下几点要求：

- 室内生活给水管道宜布置成枝状管网，单向供水。对不允许断水的建筑和车间，给水引入管应设置两条，在室内连成环状管网或贯通枝状管网双向供水。由室外环网同侧引入两个引入管时，两个引入管的间距不得小于 15m，并在两个接点间的室外给水管道上设置分隔闸门。

- 管道布置注意事项—力求水力条件最佳；满足使用、维修及美观要求。

- 给水管道不得布置在建筑物的下列房间或部位，以便保证生产及使用安全—室内给水管道的布置，不得妨碍生产操作、交通运输和建筑物的使用；室内给水管道不应穿越变配电房、电梯机房、通信机房、大中型计算机房、计算机网络中心以及有屏蔽要求的 X 光、CT 室、档案室、书库、音像库房等遇水会损坏设备和引发事故的房间，并应避免在生产设备和配电室、配电设备、仪器仪表上方通过；一般不宜穿越卧室、书房及贮藏间；室内给水管道不得布置在遇水会引起燃烧、爆炸的原料、产品和设备的上面。

- 保护管道不受损破坏；埋地敷设的给水管道应避免布置在可能受重物压坏处或受振动而损坏处；给水管道不得敷设在烟道、风道、电梯井内、排水沟内；给水管道不宜穿越伸缩缝、沉降缝、变形缝；塑料给水管道在室内宜暗设；塑料给水管道不得布置在灶台上边缘。

4.8 水泵基础尺寸

水泵基础设计必须安全稳固，标高、尺寸准确无误，以保证水泵安全运行，安装维修方便。其形式分为带有共用底盘（小型水泵）和无共用底盘（大、中型水泵）两种。基础尺寸详见文内。

4.14　水位信号装置

依据现行《给水排水设计手册》（第三版）第 2 册《建筑给水排水》：一般应在水箱侧壁上安装玻璃液位计，用以就地指示水位。若水箱（池）液位与水泵连锁，则应在水箱（池）内设液位计。由同版第 8 册《电气与自控》得知，常用的液位检测仪表按测量液位的原理与方法，目前常用的有电容式、静压式、超声波式、导波雷达式等液位计。本节仅就工程习惯采用的投入式和浮球式两款液位计略作简介。

4.15　水表设置

水表设置条件：设置水表的目的在于计算水量，节制用水，同时还有在生产上核算成本的作用。

按国家现行《建筑给水排水设计规范》GB 50015—2003（2009 年版）要求，下列给水管上均应设置水表：小区的引入管，居住建筑和公共建筑的引入管；住宅和公寓的进户管；综合建筑的不同功能分区（如商场、饭店、餐饮等）或不同用户的进水管；浇洒道路、洗车及绿化等用水的配水管；必须计量的用水设备（如锅炉、水加热器、冷却塔、游泳池、喷水池及中水系统等）的进水管或补水管；收费标准不同时应分设水表。

4.17　倒流防止器（防污隔断阀）的设置

《建筑给水排水设计规范》GB 50015—2003（2009 年版）相关水质要求：3.2.1 生活饮用水系统的水质，应符合现行国家标准《生活饮用水卫生标准》GB 5749 的要求；3.2.4 生活饮用水不得因管道内产生虹吸、背压回流而受污染。

规范明确指出：防止回流污染产生的技术措施一般可采用空气隔断、倒流防止器、真空破坏器等措施和装置。其中倒流防止器是继止回阀问世后的又一种防止液体倒流的新型阀门装置。

倒流防止器设置：适用位置（即设置条件）、类型及选型、规格及安装示意图、安装要求、作用原理以及倒流防止器设施选择等详见文内。

5.2　隔油设施

隔油设施形式：隔油池与隔油沉淀池；隔油器。

隔油设施适用范围：隔油池适用于公共食堂、饮食行业的厨房等含有食用油污水的室外排水管上；隔油沉淀池用于汽（修）车库、机械加工、维修车间以及其他工业用油场所，含有汽油、煤油、柴油、润滑油等污水排水管道上；隔油器适用于处理餐饮废水。

隔油设施设置要求：废水中含有食用油的隔油池宜设在地下室或室外远离人流较多的地点，人孔盖板应密封处理；废水中含有汽油、煤油等易挥发油类时，隔油沉淀池不得设在室内；隔油设施应设有活动盖板，以便于除油和检修；进水管应设清扫口以便清通；密闭式隔油器应设置通气管并单独接至室外；生活粪便污水不得排入隔油池内。

隔油器详见文内。

5.3　锅炉排污降温池

依据现行国家城镇建设行业标准《污水排入城镇下水道水质标准》CJ 343—2010 中 4.2 水质标准之规定：城镇下水道末端污水处理厂的处理程度，将控制项目限值分为 A（采用再生处理）、B（采用二级处理）、C（采用一级处理）三个等级。其污水排入城镇下水道的水温均要求不大于35℃。下水道末端无污水处理设施时，排入城镇下水道的污水水质不得低于C等级的要求（即不大于35℃）。当排水温度高于35℃时，会蒸发大量气体，清理管道时劳动条件变差，进而影响操作工身体健康。故排水温度高于35℃的污、废水，在排入城镇下水道之前，应经降温后才能排入城镇下水道。企业在厂区范围内，各个车间在排入室外管网时，其排水温度不宜超过50℃；并应使厂区总排水口排水温度不得超过35℃。

排污降温池的设置：原则、要求，容积，选用以及选型详见文内。

5.4 化粪池

本条目要点是化粪池设置原则：严格分流地区，且市政管网收集系统完善原则上可不设化粪池。但当城镇没有污水处理厂或污水处理厂尚未建成投入运行时，粪便污水应经化粪池处理后方可排入城镇排水管网；当大、中城市设有污水处理厂但排水管网管线较长，为了防止管道内淤积，粪便污水应经化粪池处理后再排入城市排水管网；城市排水管网为合流制系统时，粪便污水应经化粪池处理后再排入城市合流制排水管；所有医疗卫生区域排出的粪便污水须先经化粪池预处理，污水在化粪池内停留时间不宜小于36h；当城市排水管网对于排水水质有一定要求时，粪便污水须化粪池预处理，处理后的水质仍达不到排放标准时，应进一步采用生活污水处理措施。

其设置要求、选用技术条件、容积计算、选型及型号确定等详见文内。

5.5 玻璃钢化粪池和地埋式一体化污水处理设备

• 玻璃钢化粪池系指玻璃钢化粪池和玻璃钢整体生物化粪池，是近几年才兴起的一种新型池子。

适用范围：适用于民用建筑和工业企业生活排水处理用玻璃钢化粪池（罐）的设计选型及其埋设施工；适用于抗震设防烈度为8度（0.2g、0.3g）及8度以下地区的一般场地土下，单罐有效容积不大于150m³、罐顶覆土深度0.5~3.0m且罐底埋设深度不超过6m的玻璃钢化粪池（罐）埋设。不适用于湿陷性黄土、永久性冻土、膨胀土、抗震设防烈度为9度及以上和其他特殊地质条件地区的玻璃钢化粪池（罐）埋设。

有效容积计算、发展历史、结构及运行原理、设计选用及设置技术条件、化粪池（罐）规格尺寸选用、型号含意、国标图集14SS706玻璃钢化粪池（罐）设计总人数选用表等详见文内。

• 地埋式一体化污水处理设备系采用膜生物反应器（简称MBR）技术，是生物处理技术与膜分离技术相结合的一种新工艺。被广泛地应用于高级宾馆、别墅小区及居民住宅小区的生活污水和与之相似的工业有机污水处理，替代了去除率低、处理后出水不能达到国家综合排放标准的化粪池。

适用范围：地埋式一体化污水处理设备适用于旅游区、风景区、别墅小区、度假区、疗养院、部队、农村及居民住宅小区的生活污水和与之相似的工业有机污水处理。换言之，适用于宾馆、疗养院、医院、学校、住宅小区、别墅小区等生活污水的处理及水产加工场、牲畜加工厂、鲜奶加工厂等生产废水的处理。

6.1 2011—2015中国电热水器推荐品牌

2011年→中国建材网（建材行业门户网站）；

2012年→智研数据研究中心、中国产业研究报告网（提供各行业研究报告，投资前景咨询报告，行业分析，市场分析，行业调研报告，市场评估，行业资讯，投资情报的综

合门户网站);

2013 年→中国产业洞察网（隶属于北京立本投资咨询有限公司，是国内领先的咨询、投资机构。为客户提供行业研究服务、投资咨询服务、竞争情报服务、政府课题服务，以及各种多样化的需求解决服务）；

2014 年→中国产业信息网（由工业和信息化部主管，人民邮电报社主办，是我国通信行业唯一拥有国务院新闻办授予新闻发布权的新闻网站）；

2015 年→中国口碑网（住房和城乡建设部授予的国家住宅产业化基地、中国航天事业合作伴侣，是汇集中国著名企业品牌口碑的官方网站）。

6.2 2011—2015 中国即热式电热水器推荐品牌

2011 年→"奥特朗"杯 2011 年度中国即热式电热水器十大品牌榜单，来源于中国即热网；

2012 年→"哈博"杯 2012 年度中国即热式电热水器十大品牌榜单，来源于中国即热网；

2013 年→"捷恩特"杯 2013 年度中国即热式电热水器十大品牌榜单，来源于招商网；

2014 年→"美欧达"杯 2014 年度中国即热式电热水器十大品牌榜单，来源于中国即热网；

2015 年→"德恩特"杯 2015 年度（第五届）中国即热式电热水器十大品牌榜单，来源于中国即热网。

6.3 2011—2015 中国燃气热水器推荐品牌

2011 年→中国家用电器协会；

2012 年→博思数据研究中心（博思网是中国产业调研领域权威门户网站）；

2013 年→中国产业调研网（创建于 2008 年，隶属于北京中智林信息技术有限公司〈简称中智林〉，致力于为企业战略决策提供专业解决方案）；

2014 年→中国产业信息网（同上）；

2015 年→"中国厨卫行业平台"蒂壤数据（隶属于蒂壤科技网络有限公司）。

第 7 章 2015 第四届中国品牌年会中国热水器十大品牌、中国厨卫电器十大品牌资料来源于中国品牌联盟网。

第 8 章 2016 中国热水器十大品牌排名中国热水器、中国电热水器、中国即热式热水器、中国燃气热水器资料来源于中国热水器品牌网。

6.1 节～第 8 章关键在于可靠性，这类产品目前还无官方产品名录，设计人员只能上网选用，而网络真真假假有时真的难一辨别。为此，可以说耗时长久反复琢磨，最终找到一些官方门户网站或接近官网的网站，觉得靠谱于是一一列出。

10.2 室内消火栓

• 室内消火栓的设置位置

△单元式、塔式住宅的消火栓宜设置在楼梯间的首层和各层楼层休息平台上，当设 2 根消防竖管确有困难时，可设 1 根消防竖管，但必须采用双阀双出口室内消火栓（SNSS 型、SNSS-A 型）；依据高规：当层数超过 18 层时必须设置 2 根消防竖管。

干式消火栓竖管应在首层靠出口部位设置便于消防车供水的快速接口和止回阀。

△设有屋顶直升机停机坪的公共建筑，应在停机坪出入口处或非用电设备机房处设置消火栓，且距停机坪边缘的距离不应小于 5.0m。

△消防电梯间前室内应设置消火栓。

△冷库内的消火栓应设置在常温穿堂或楼梯间内。

△剧院、礼堂等的消火栓应布置在舞台口两侧和观众厅内，在其休息室内不宜设消火栓，以利发生火灾时人员疏散。

△大房或大空间消火栓应首先考虑设置在疏散门的附近，不应设置在死角位置。

△在条件许可的情况下，消火栓可设置在楼梯间休息平台。

△设有消火栓的建筑，如为平屋顶时，宜在平屋顶上设置试验和检查用的消火栓。

△高层建筑的屋顶应设一个装有压力显示装置的检查用的消火栓，供暖地区可设在顶层出口处或水箱间内。

△除无可燃物的设备层外，设置室内消火栓的建筑物，其各层（高建含裙房）均应设室内消火栓。

△高级旅馆、重要的办公楼、一类建筑的商业楼、展览楼、综合楼等和建筑高度超过100m的其他高层建筑，应设消防卷盘；高层建筑的避难层也应设消防卷盘；消防卷盘的用水量可不计入消防用水总量。

△室内消火栓应设置在位置明显且易于操作的部位，如走道、楼梯附近；栓口离地面或操作基面高度宜为1.1m，其出水方向宜向下或与设置消火栓的墙面相垂直。消防卷盘一般设置在走道、楼梯口附近等显眼便于取用的地点；其设置间距应保证室内任何部位有一股水流到达。

• 室内消火栓的设置规格

《建筑设计防火规范》：同一建筑物内应采用统一规格的消火栓、水枪和水带（每一条水带的长度不应大于25m）。依据现行给水排水设计手册第三版第2册建筑给水排水，室内消火栓应采用SN65消火栓，其水枪和消防卷盘的配置应符合下列要求：室内消火栓设计用水量>10L/s时，配19mm或16mm的水枪；室内消火栓设计用水量≤10L/s时，配13mm的水枪；消防卷盘胶管宜采用$\phi25$，长度为30m，并配有6mm的水枪。

高层民用建筑设计防火规范：消火栓应采用同一型号规格。消火栓的栓口直径应为65mm，水带长度不应超过25m，水枪喷嘴口径不应小于19mm。

• 消火栓水枪充实水柱的长度

《建筑设计防火规范》：甲、乙类厂房、层数超过6层的公共建筑和层数超过4层的厂房（仓库），不应小于10m；高层厂房（仓库）、高架仓库和体积大于25000m³的商店、体育馆、影剧院、会堂、展览建筑，车站、码头、机场建筑等，不应小于13m；其他建筑，不宜小于7m。

《高层民用建筑设计防火规范》：建筑高度不超过100m的高层建筑不应小于10m；建筑高度超过100m的高层建筑不应小于13m。

• 消火栓处直接启动消防水泵的按钮设置要求

《建筑设计防火规范》：高层厂房（仓库）和高位消防水箱静压不能满足最不利点消火栓水压要求的其他建筑，应在每个室内消火栓处设置直接启动消防水泵的按钮，并应有保护设施。

《高层民用建筑设计防火规范》：临时高压给水系统的每个消火栓处应设直接启动消防水泵的按钮，并应设有保护按钮的设施。

目　　录

第一部分 给水排水专业设计手册的发展以及对相关规范的认知

第1章 给水排水专业设计手册的发展

1.1 《给水排水设计手册》的发展轨迹

（1）中国工业出版社于1965年内部印行了《给水排水设计手册》第一册《材料设备》。

（2）1967年原建筑工程部建筑标准设计研究所组织各有关单位在编制《给水排水设计手册》第二、三、四册的同时，对第一册《材料设备》也进行了修订。

中国工业出版社于1968年出版发行：第一册《材料设备》、第二册《工业企业水处理》、第三册《室内给水排水及热水供应》、第四册《室外给水排水》共4册。当时为适应社会主义生产建设的需要，整套手册以给水排水专业设计人员为主要服务对象，以现场设计必需的常用资料为主要内容。

（3）1973年为适应社会主义建设的新发展，对1968年版本进行了改编，增订了内容，为设计工作提供了一套比较实用的工具书。

中国建筑工业出版社于1973—1976年出版发行：第一册《常用资料》、第二册《管渠水力计算表》、第三册《室内给水排水与热水供应》、第四册《室外给水》、第五册《水质处理与循环水冷却》、第六册《室外排水与工业废水处理》、第七册《排洪与渣料水力输送》、第八册《材料设备》、第九册《常用设备》共9册。供给水排水专业设计人员使用，也可供基建单位、厂矿企业有关人员和大专院校给水排水专业师生参考。

（4）1985年为适应国家经济建设发展的需要，城乡建设环境保护部设计局和中国建筑工业出版社组织各有关单位对《给水排水设计手册》进行了全面增编修订，将原来的9册增至11册。使这套手册内容更为丰富和完整，并更加贴近实际需求。

中国建筑工业出版社于1986年出版发行：第1册《常用资料》、第2册《室内给水排水》、第3册《城市给水》、第4册《工业给水处理》、第5册《城市排水》、第6册《工业排水》、第7册《城市防洪》、第8册《电气与自控》、第9册《专用机械》、第10册《器材与装置》、第11册《常用设备》共11册。

（5）2000年在建设部勘察设计司和中国建筑工业出版社组织、领导下，由各主编单位负责以1986年版为基础，以现行国家标准、规范为依据，对大型实用工具书——《给水排水设计手册》又一次进行了修订。其中，删去陈旧的技术内容，补充新的设计工艺、设计技术、科研成果和先进的设备器材，并增加了《技术经济》一册。修订后将原第一版（1986 年版）11 册更改为第二版（2001 年版）12 册，使得整套《给水排水设计手册》内容更加完整、面目一新。

（6）自 2001 年第二版出版发行至 2012 年 10 余年间，其知识内容已显陈旧，设计理念已显落后。为了使这套人们得心应手的设计手册满足给水排水工程建设和设计工作的需要，中国建筑工业出版社组织各主编单位对 2001 年版再次进行了修订。中国建筑工业出版社于 2012 年出版发行（第三版）《给水排水设计手册》。

从《给水排水设计手册》的发展史（或曰发展轨迹）可以看出：1968 年 4 册版本为适应当时建设需要，以给水排水专业设计人员为主要服务对象，以现场设计必需的常用资料为主要内容；1973 年 9 册版本仍以给水排水专业设计人员为主要服务对象，其余仅供参考。

1986 年 11 册版本不仅适用范围广泛，而且内容更加丰富完整，亦更切合实际。此时，本专业由"室内给水排水"阶段进入"建筑给水排水"阶段。1992 年第一版《建筑给水排水设计手册》应运出版，与城镇给水排水、工业给水排水并列组成了完整的给水排水体系。

2001 年 12 册版本在 1986 年版本基础上，进一步修订并补充完善，同时增加了《技术经济》一册。该修订版称为第二版，则 1986 年版毋庸置疑为第一版。

2012 年为满足给水排水工程建设和设计工作的需要，对 2001 年 12 册版本再次修订后，第三版《给水排水设计手册》于当年出版发行。此前，《建筑给水排水设计手册》（第二版上、下册）于 2008 年出版发行，至此两套新编实用工具书——《给水排水设计手册》（第三版）、《建筑给水排水设计手册》（第二版上、下册）同时呈现在广大给水排水工作者面前，这对行业急速发展无疑是个促进。

第二版各册命名及主编单位如下：

第 1 册《常用资料》，中国市政工程西南设计研究院主编。

第 2 册《建筑给水排水》，核工业第二研究设计院主编。

第 3 册《城镇给水》，上海市政工程设计研究院主编。

第 4 册《工业给水处理》，华东建筑设计研究院主编。

第 5 册《城镇排水》，北京市市政工程设计研究总院主编。

第 6 册《工业排水》，北京市市政工程设计研究总院主编。

第 7 册《城镇防洪》，中国市政工程东北设计研究院主编。

第 8 册《电气与自控》，中国市政工程中南设计研究院主编。

第 9 册《专用机械》，上海市政工程设计研究院主编。

第 10 册《技术经济》，上海市政工程设计研究院主编。

第 11 册《常用设备》，中国市政工程西北设计研究院主编。

第 12 册《器材与装置》，中国市政工程华北设计研究院主编。

第三版各册命名同第二版，只是第 2、3、9、10、12 册主编单位名称有如下改动或增加：

第 2 册《建筑给水排水》，中国核电工程有限公司主编。

第 3 册《城镇给水》，上海市政工程设计研究总院（集团）有限公司主编。

第 9 册《专用机械》，上海市政工程设计研究总院（集团）有限公司主编。

第 10 册《技术经济》，上海市政工程设计研究总院（集团）有限公司主编。

第 12 册《器材与装置》，中国市政工程华北设计研究总院和中国城镇供

水排水协会设备材料工作委员会主编。

1.2 《建筑给水排水设计手册》的发展轨迹

（1）我国建筑学领域给水排水专业，自 1949 年中华人民共和国成立以来，大致经历了三个发展阶段：

1）房屋卫生技术设备（简称房卫）阶段。即 1949 年至 1964 年《室内给水排水和热水供应设计规范》被批准为全国通用的部颁试行标准开始试行时为止。

2）室内给水排水和热水供应（简称室内给水排水）阶段。即 1964 年至 1986 年《建筑给水排水设计规范》审查通过为国家标准时为止。

3）建筑给水排水阶段。即 1986 年至今。

至此，本学科由"室内给水排水"阶段进入"建筑给水排水"阶段。

（2）我国首次编辑并由中国建筑工业出版社于 1992 年出版发行了第一版专业设计手册——《建筑给水排水设计手册》。与城镇给水排水、工业给水排水并列组成了完整的给水排水体系。长期以来，作为实用工具书被广大建筑给水排水设计师亲切地称为"白皮手册或白皮书"。

（3）1992—2008 年的 17 年中，在改革开放大好形势下祖国经济建设突飞猛进，城镇基础设施建设取得了举世瞩目的成就，建筑给水排水相关技术取得了长足发展，有关标准、规范等法规亦日趋完善，新材料、新设备、新工艺层出不穷。为此，本学科与时俱进再次编辑并由中国建筑工业出版社于 2008 年出版发行了《建筑给水排水设计手册》（第二版上、下册），使广大读者更耳目一新。

第2章 现行建筑给水排水设计规范与建筑给水排水设计手册适用范围

1. 历次各版给水排水设计规范的适用范围

（1）《室内给水排水和热水供应设计规范》BJG 15—1964：适用范围→工业企业建筑、居住建筑和公共建筑的室内给水排水和热水供应设计。

（2）《室内给水排水和热水供应设计规范》TJ 15—1974（试行）：工业与民用建筑室内给水排水和热水供应设计。

（3）《建筑给水排水设计规范》GBJ 15—1988：工业与民用建筑给水排水和热水供应设计。

（4）《建筑给水排水设计规范》GBJ 15—1988（1997 年版）：工业与民用建筑给水排水设计。

（5）《建筑给水排水设计规范》GB 50015—2003：居住小区、民用建筑给水排水设计，亦适用于工业建筑生活给水排水和厂房屋面雨水排水设计。增列居住小区给水排水设计内容。

（6）《建筑给水排水设计规范》GB 50015—2003（2009 年版）：居住小区、公共建筑区、民用建筑给水排水设计，亦适用于工业建筑生活给水排水和厂房屋面雨水排水设计。增列公建小区给水排水设计内容。

2.《建筑给水排水设计手册》（第二版）内容梗概

现行 2008 年版《建筑给水排水设计手册》（第二版）：上册共 12 章，下册共 8 章。上册还是由 5 个部分组成，下册可归结为常用计算资料、常用设备、器材与装置几个部分。

其中上册 5 个部分内容如下：

（1）建筑内部给水排水：是建筑给水排水的主体，涉及第 1～5 章——建筑给水、建筑排水、雨水、建筑热水、建筑饮水等。

（2）建筑消防（第 6 章）。

（3）建筑小区[①]给水排水：指建筑室外给水排水，这里的建筑小区应为居住小区[②]和公建小区的统称。

（4）建筑水处理：建筑水处理与建筑给水排水设计密切相关，涉及第 7、10～12 章——建筑中水、建筑给水局部处理、建筑排水局部处理、循环冷却水等。

（5）特殊建筑、特殊地区给水排水：涉及第 8～9 章——特殊建筑给水排水、特殊地区给水排水。

注：①1992 年版《建筑给水排水设计手册》（即第一版）在绪论中指出"建筑小区给水排水介于建筑内部给水排水和城镇给水排水之间，从某种意义上讲，建筑小区是单幢建筑物的扩大，又是城镇的缩小，建筑小区和单幢建筑物、城镇有相同、相通处，但又与它们有所区别。将建筑小区给水排水划归建筑给水排水，有利于结束建筑小区给水排水长期以来无章可循、技术工作不统一的局面。在给水流量计算和给水方式等方面，建筑小区给水排水和建筑内部给水排水有更多的共同点"。

②《城市居住区规划设计规范》GB 50180—1993（2002 年版）中对居住区分级控制规模的规定为"居住小区：居住户数 3000～5000 户，居住人口规模 10000～15000 人；居住组团：居住户数 300～1000 户，居住人口规模 1000～3000 人"。

3. 建筑给水排水设计规范与设计手册的适用范围

手册力图做到内容全面系统、查阅简单方便，尽可能一册在手即可满足工程设计的基本需求。因此可以说手册是对规范的细化。于是可以说规范与手册的适用范围应该是现行《建筑给水排水设计规范》GB 50015—2003（2009 年版）总则明确规定的建筑给水排水设计的适用范围：即适用于居住小区、公共建筑区（公建小区）、民用建筑给水排水设计，亦适用于工业建筑生活给水排水和厂房屋面雨水排水设计。

第3章 对相关规范的认知

3.1 中国建筑给水排水设计规范各版本给水管材及管道计算

中国建筑给水排水设计规范各版本给水管材及管道计算，见表3-1。

中国建筑给水排水设计规范各版本给水管材及管道计算 表3-1

规范版本	给水管材	管道计算
《室内给水排水和热水供应设计规范》GBJ 15—1964	生活给水管： 1. DN≤70mm时采用镀锌钢管，螺纹连接； 2. DN>70mm时采用非镀锌钢管，螺纹连接或焊接或铸铁管石棉水泥接口	沿程阻力采用舍维列夫公式；局部阻力按沿程阻力的25%～30%
《室内给水排水和热水供应设计规范》TJ 15—1974（试行）	生活给水管： 1. DN≤70mm时采用镀锌钢管，螺纹连接； 2. DN>70mm时采用非镀锌钢管，螺纹连接或焊接或铸铁管石棉水泥接口	沿程阻力采用舍维列夫公式；局部阻力按沿程阻力的25%～30%
《建筑给水排水设计规范》GBJ 15—1988	生活给水管： 1. DN≤150mm时采用镀锌钢管，螺纹连接； 2. DN>150mm时采用给水铸铁管； 3. 大便器、大便槽冲洗管采用塑料管	沿程阻力采用舍维列夫公式；局部阻力按沿程阻力的25%～30%
《建筑给水排水设计规范》GBJ 15—1988（1997年版）	生活给水管： 1. DN≤150mm时采用热浸镀锌钢管或给水塑料管，螺纹连接； 2. DN>150mm时采用给水铸铁管； 3. 大便器、大便槽和小便槽冲洗管采用塑料管	沿程阻力采用舍维列夫公式；局部阻力按沿程阻力的25%～30%
《建筑给水排水设计规范》GB 50015—2003	1. 埋地给水管： 塑料给水管、有衬里的铸铁给水管、防腐处理的钢管； 2. 室内给水管： 塑料给水管、塑料金属复合管、铜管、不锈钢管和防腐处理的钢管	沿程阻力采用海澄威廉公式；局部阻力根据接口形式取值
《建筑给水排水设计规范》GB 50015—2003（2009年版）	1. 埋地给水管： 塑料给水管、有衬里的铸铁给水管、防腐处理的钢管； 2. 室内给水管： 塑料给水管、塑料金属复合管、铜管、不锈钢管和防腐处理的钢管	沿程阻力采用海澄威廉公式；局部阻力根据接口形式取值

3.2 对现行《建筑给水排水设计规范》3.2.8条和3.2.8A条的注释

现行《建筑给水排水设计规范》GB 50015—2003（2009年版）第3.2.8条规定：只供单体建筑的生活水箱（池）与消防水箱（池）必须分开设置。

第3.2.8A条同时规定：当小区的生活贮水量大于消防贮水量时，小区的生活用水贮水池与消防用水贮水池可合并设置，合并贮水池的贮水更新周期不得大于48h。规范条文强调指出"两个条件必须同时满足方能合并"。

前者分开设置是为确保生活用水的水质安全卫生；后者合并设置有两个前提——首先是小区的生活贮水量大于消防贮水量，其次是合并贮水池的贮水更新周期不得大于 48h，并且两个条件必须同时满足。

本书仅就分开设置的供水控制方式列出以下两个方案：

（1）由生活水箱的水位通过液位传感信号控制加压水泵的启、停，消防水箱靠液位传感信号控制电磁阀的开、合。只要消防水箱未达到设定的高水位，电磁阀就处于开启状态，直到液位传感器自身浮球阀升高到设定的高水位时，触点接通电磁阀关闭。该方案消防水箱的进水管宜与生活水箱的进水管等径，否则消防水箱首次或定期放空后再次注水的时间要长。

液位传感器控制方式见图 3-1、图 3-2。

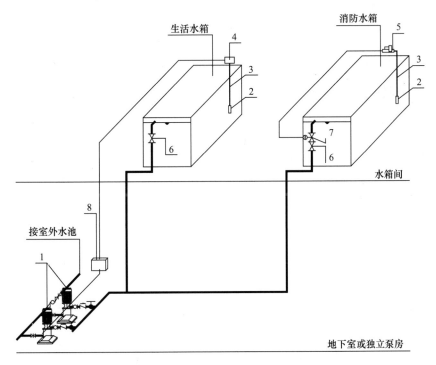

图 3-1　生活、消防水箱分设投入式液位计—变控器联合控制方式
1—加压水泵；2—传感器；3—电缆；4—变送器；5—变控器；6—阀门；7—电磁阀；8—控制箱

（2）由生活水箱的水位通过液位传感信号控制加压水泵的启、停，消防水箱按常规做法靠水位控制阀（浮球阀）控制。

生活、消防水箱分设液位传感器—浮球阀共同控制方式见图 3-3、图 3-4。

3.3　对现行《建筑给水排水设计规范》3.7.7 条的注释

水池、水箱及水塔等构筑物应设进水管、出水管、溢流管、泄水管、通气管、水位信号装置、人孔等。按现行《建筑给水排水设计规范》GB 50015—2003（2009 年版）第 3.7.7 条，还应符合下列要求：

（1）水池、水箱的设置和管道布置应符合该规范第 3.2.9～3.2.13 条有关防水质污染

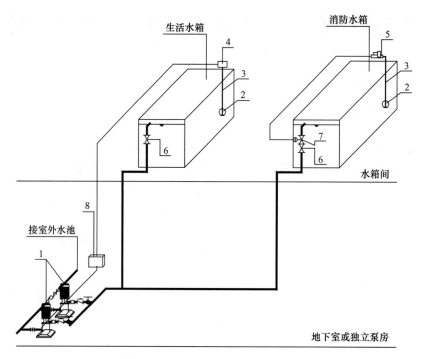

图 3-2　生活、消防水箱分设浮球式液位计—变控器联合控制方式

1—加压水泵；2—磁浮球；3—导管传感器；4—变送器；5—变控器；6—阀门；7—电磁阀；8—控制箱

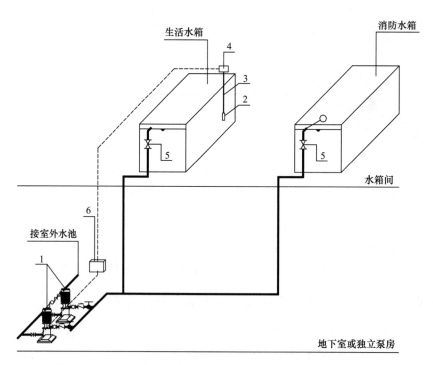

图 3-3　生活、消防水箱分设投入式液位计—浮球阀共同控制方式

1—加压水泵；2—传感器；3—电缆；4—变送器；5—阀门；6—控制箱

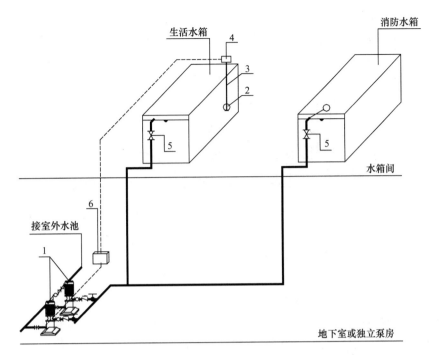

图 3-4　生活、消防水箱分设浮球式液位计—浮球阀共同控制方式

1—加压水泵；2—磁浮球；3—导管传感器；4—变送器；5—阀门；6—控制箱

的规定。其中第 3.2.13 条明确要求：当生活饮用水水池、水箱内的贮水 48h 内不能得到更新时，应设置水消毒处理装置。

（2）进水管、出水管宜分别设置：是指高位水箱作为生活用水的调节构筑物时，进、出水管不宜采用一条管，即进水管不能兼作出水管。进、出水管合用易导致水箱内产生死水区，尤其当进水压力基本可满足用户水压要求，进入水箱的水很少时，箱内水得不到更新使水质恶化。

国家标准图集水塔管道设计的两个方案为：进、出水管和泄、溢水管均兼用的两根竖管方案；进、出水管分开而泄、溢水管兼用的三根竖管方案。亦明确规定：当水塔用于生活用水时，应采用进、出水管分开而泄、溢水管兼用的三根竖管方案。

高位水箱、水塔均要求进水管必须安装倒流防止器以防倒流污染。

（3）当利用城镇给水管网压力直接进水时：

1）应设置与进水管管径相同的自动水位控制阀。由规范条文说明得知：城市给水管网直接供给水池、水箱时，只能利用水池、水箱的水位控制其启闭，水位控制阀才能实现其启闭自动化。

水位控制阀可参见《常用小型仪表及特种阀门选用安装》01SS105。常用液位阀主要指杠杆式浮球阀和液压水位控制阀，液压水位控制阀又分为活塞式液压水位控制阀和薄膜式液压水位控制阀。

① 杠杆式浮球阀由于浮球直接控制进水阀的开与关，又称直接作用式浮球阀。该浮球阀适用于室内水池、水箱。

工作原理：运用杠杆原理，当水流通过阀体流入水池、水箱时，将浮球托起，浮球带动阀杆升起，当阀杆接近水平位置时，阀门即关闭；当水池、水箱内水位下降，浮球与阀杆随同下垂时，阀门即自动开启供水。

杠杆式浮球阀结构示意图见图3-5。

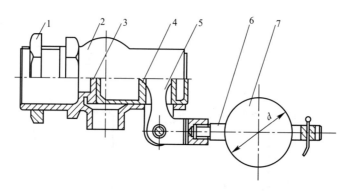

图3-5　杠杆式浮球阀（即直接作用式浮球阀）结构示意图

1—螺帽；2—阀体；3—密封垫；4—活塞；5—弯头；6—阀杆；7—浮球

② 液压水位控制阀适用于室内外水池、水塔。

活塞式液压水位控制阀工作原理：当水池或水塔内水位下降，浮球阀开启排水时，进水管内的有压水将阀内活塞托起使密封面打开，阀门即开始供水；当水位上升到关闭水位时，浮球阀关闭，活塞下移将密封面封闭，阀门即停止供水。

活塞式液压水位控制阀结构示意图见图3-6。

薄膜式液压水位控制阀工作原理：当水池或水塔内水位下降，浮球阀开启排水时，进水管内的有压水将阀内阀瓣托起使密封面打开，阀门即开始供水；当水位上升到关闭水位时，浮球阀关闭，阀瓣下移将密封面封闭，阀门即停止供水。

薄膜式液压水位控制阀结构示意图见图3-7。

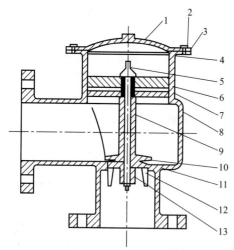

图3-6　活塞式液压水位控制阀结构示意图

1—阀盖；2—螺栓；3—"O"型密封圈；
4—阀体；5—螺母；6—上压盖；7—密封圈；
8—下压盖；9—活塞杆；10—阀瓣；
11—密封垫；12—导向压盖；13—螺母

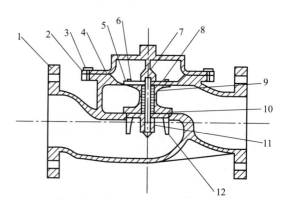

图3-7　薄膜式液压水位控制阀结构示意图

1—阀体；2—阀盖；3—螺栓；4—膜片；
5—上压盖；6—螺栓；7—节流螺母；
8—阀杆；9—阀瓣；10—阀瓣垫；
11—过滤器；12—导向压盖

2）当采用直接作用式浮球阀时不宜少于两个，且进水管标高应一致。规范条文说明指出，由于直接作用式浮球阀出口是进水管断面的40%，故需设置2个。进水管标高一致，可避免2个浮球阀受力不一致而容易损坏漏水的现象。

（4）当水箱采用水泵加压进水时，进水管上不应设置水位控制阀，应设置液位传感装置控制加压水泵的启、停。

1）当由单台加压泵向单个调节水箱供水时，由水箱的水位通过液位传感信号控制水泵的启、停。不应在水箱进水管上设置水位控制阀，否则会造成控制阀因冲击振动而损坏。

屋顶高位水箱单泵供水的控制方式见图3-8、图3-9。

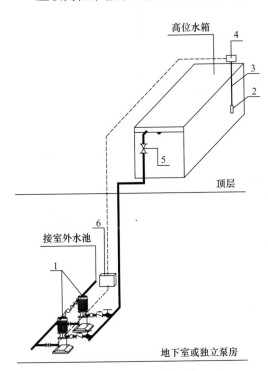

图3-8 屋顶高位水箱单泵供水投入式液位计控制方式

1—加压水泵；2—传感器；3—电缆；
4—变送器；5—阀门；6—控制箱

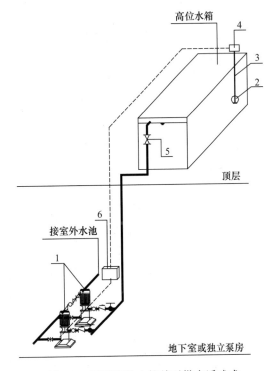

图3-9 屋顶高位水箱单泵供水浮球式液位计控制方式

1—加压水泵；2—磁浮球；3—导管传感器；
4—变送器；5—阀门；6—控制箱

2）当一组水泵同时供给多个水箱时，水位控制阀的损坏概率更高。原因是对多个水箱供水的水泵出水量要比对单个水箱供水的水泵大，因此对于最后注满的水箱水位控制阀所受的冲击比单个水箱的要大。于是，应在每个水箱的进水管上设置电磁先导水力控制阀或电动阀和液位传感器，通过水位监控仪实现水位自动控制。

一组水泵同时供给3个屋顶高位水箱的微电脑控制方式[①]见图3-10、图3-11。

注：①微电脑集成电路控制方式——全自动水位控制器生产厂家/公司：

• 北京市海淀区—北京恒奥德科技有限公司 HDL-JP1（已认证）。
• 北京市通州区—北京同德创业科技有限公司 TC-JP1（已认证）。
• 北京市通州区—北京京晶科技有限公司 TC-JP1（已认证）。

11

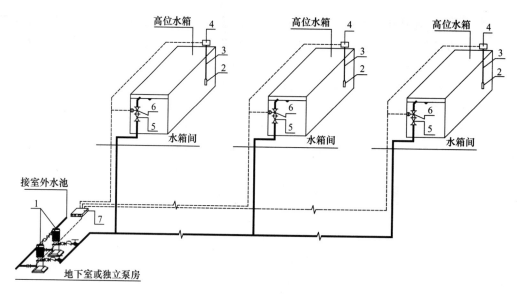

图 3-10　一组水泵同时供给 3 个屋顶高位水箱投入式微电脑控制方式

1—加压水泵；2—传感器；3—电缆；4—变送器；5—阀门；6—电动阀；7—微电脑

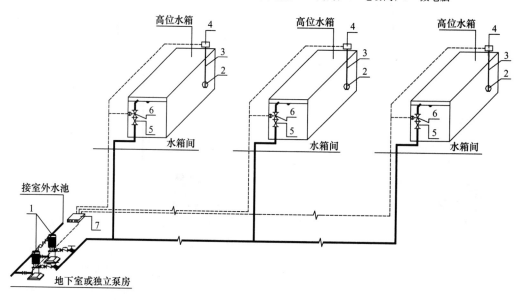

图 3-11　一组水泵同时供给 3 个屋顶高位水箱浮球式微电脑控制方式

1—加压水泵；2—磁浮球；3—导管传感器；4—变送器；5—阀门；6—电动阀；7—微电脑

- 上海市浦东新区—上海展越电子有限公司 DF-96A/B/C（已认证）。
- 上海市浦东新区—上海卓一电子有限公司 ZYY08（已认证）。
- 上海市浦东新区—上海端力智能电控科技有限公司 DY-08Z（已认证）。
- 天津市南开区—天津华比晓亚电器有限公司 DF-96A/B/C（已认证）。
- 甘肃省兰州市—甘肃益灵工业自动化设备有限公司 DF-96A/B/C（已认证）。
- 浙江省乐清市—浙江朗本电器有限公司 DF-96A/B/C（已认证）。
- 浙江省乐清市—浙江联泰仪表有限公司 DF-96A/B/C（已认证）。
- 浙江省乐清市—乐清市安恒自动化设备有限公司 DF-96A/B/C（已认证）。

- 浙江省乐清市—乐清市利民仪表有限公司 DF-96A/B/C（已认证）。
- 浙江省乐清市—乐清卓尔铭电气科技有限公司 DF-96A/B/C（已认证）。
- 浙江省乐清市—乐清市赛邦电器有限公司柳市分公司 SP-P18（已认证）。
- 浙江省乐清市—乐清市邦迪电器有限公司柳市分公司 SP-P18（已认证）。
- 浙江省乐清市—乐清市柳市乐友电器厂 DF-96A/B/C（已认证）。
- 浙江省乐清市—乐清市柳市良友电器厂 DF-96A/B/C（已认证）。
- 浙江省乐清市—乐清市天维电气有限公司 DF-96A/B/C（已认证）。
- 浙江省温岭市—温岭市荣迪电子厂 RD-SUA6（已认证）。
- 广东省广州市—广州市电晟电子科技有限公司 DS-SK05B（已认证）。
- 广东省深圳市—深圳市泰坦电气有限公司 DF-96A/B/C（已认证）。
- 广东省佛山市—佛山市汇生采电子有限公司 YK20（已认证）。
- 广东省鹤山市—美浓电子厂 KS1-5（已认证）。

（5）溢流管宜从箱壁接出。溢流管的溢流量随溢流水位升高而增加，溢流管的管径常规做法是按比水箱进水管管径大一级取用。溢流管宜采用水平喇叭口集水，管顶采用1：1.5～1：2.0的喇叭口，喇叭口下的垂直管段不宜小于4倍溢流管管径。沿口应高出最高水位0.05m，报警水位应高出最高水位0.02m，溢流管上不得装阀门。溢流管经垂直管段后转弯穿池壁至池外后不得与排水管网直接相连，应采取断流排水或间接排水方式。出口处为防止尘土、昆虫、蚊蝇等进入应设网罩。

（6）泄水管应从水池（箱）底部接出，并应装阀门，阀门后可与溢流管相连，并应采用间接排水方式排出。泄水管的管径应按水池（箱）泄空时间和泄水受体的排泄能力确定，一般可按2h内存水全部泄空计算。水池（箱）泄水出路有室外雨水检查井、地下室排水沟、屋面雨水天沟等，其排泄能力大小不一，不能一视同仁。一般比进水管小一级，但不得小于50mm。

当水池埋地较深，无法自流泄水时，应设置移动提升装置。工程中多采用已有水泵出水管管段接出泄水管的办法。

（7）水塔、水池应设水位监视和溢流报警装置，水箱宜设水位监视和溢流报警装置。条文说明指出：工程中常由于自动水位控制阀（即液位阀）失灵，水池（箱）溢水造成水资源浪费，特别是位于地下室的贮水池（或曰消防水池）溢水造成财产损失的事故屡见不鲜。所以贮水构筑物设水位监视和溢流报警装置等很有必要。并详细明确报警水位与最高水位、溢流水位之间关系如下：

1）报警水位应高出最高水位50mm左右，小水箱可取小一些，大水箱可取大一些。

2）报警水位距溢流水位一般约为50mm，如进水管管径大，进水流量大，报警后需人工关闭或电动关闭时，应给予紧急关闭一定的时间，一般报警水位距溢流水位250～300mm。

第二部分 建筑给水排水

第 4 章 建 筑 给 水

4.1 居住小区生活用水定额及相关注解

1. 居住小区生活用水定额

（1）居民生活用水量

应按小区人口和表 4-1 规定的住宅最高日生活用水定额及小时变化系数经计算确定。

住宅最高日生活用水定额及小时变化系数　　　　　　　　　　　表 4-1

住宅类别		卫生器具设置标准	用水定额 [L/（人·d）]	小时变化系数 K_h
普通住宅	Ⅰ	有大便器、洗涤盆	85～150	3.0～2.5
	Ⅱ	有大便器、洗脸盆、洗涤盆、洗衣机、热水器和沐浴设备	130～300	2.8～2.3
	Ⅲ	有大便器、洗脸盆、洗涤盆、洗衣机、集中热水供应（或家用热水机组）和沐浴设备	180～320	2.5～2.0
别墅		有大便器、洗脸盆、洗涤盆、洗衣机、洒水栓、家用热水机组和沐浴设备	200～350	2.3～1.8

注：1. 摘自《建筑给水排水设计规范》GB 50015—2003（2009 年版）表 3.1.9。
　　2. 当地主管部门对住宅生活用水定额有具体规定时，应按当地规定执行。
　　3. 别墅用水定额中含庭院绿化用水和汽车洗车用水。

（2）公共建筑用水量

应按其使用性质、规模，采用《建筑给水排水设计规范》GB 50015—2003（2009 年版）表 3.1.10 规定的宿舍、旅馆和公共建筑生活用水定额及小时变化系数经计算确定。

（3）绿化用水量

绿化浇灌用水定额应根据气候条件、植物种类、土壤理化性状、浇灌方式和管理制度等因素综合确定。无相关资料时，可按浇灌面积 1.0～3.0L/（m² · d）计算，干旱地区可酌情增加。

（4）水景、娱乐设施用水量

1）水景是由各种形态的水流构成的，常用基本水流形态为镜池、浪池、溪流、叠流、瀑布、直射、水幕、冰塔、涌泉、水膜、水雾、孔流及珠泉等。水景工程的作用主要是美化环境；润湿和净化空气，改善小区气候；水景工程中的水池亦可兼作其他用水的水源。

按《建筑给水排水设计规范》GB 50015—2003（2009 年版）第 3.11.2 条规定"水景用水应循环使用。循环系统的补充水量应根据蒸发、飘失、渗漏、排污等损失确定，室内工程宜取循环水流量的 1%～3%；室外工程宜取循环水流量的 3%～5%"。

2）娱乐设施包括游泳池和水上游乐池，可按《建筑给水排水设计规范》GB 50015—2003（2009 年版）第 3.9.17 条、第 3.9.18 条的规定确定。

① 游泳池和水上游乐池初次充水时间，应根据使用性质、城镇给水条件等确定，游泳池不宜超过 48h；水上游乐池不宜超过 72h。

② 游泳池和水上游乐池的补充水量可按表 3.9.18 确定。

（5）道路、广场用水量

道路、广场浇洒用水定额可按浇洒面积 2.0～3.0L/（m² · d）计算。

（6）公用设施用水量

应由该设施的管理部门提供用水量计算参数，当无重大公用设施时，不另计用水量。

（7）管网漏失水量和未预见用水量

管网漏失水量和未预见用水量之和可按最高日用水量的 10%～15%计。

（8）消防用水量

消防用水量和水压及火灾延续时间，应按现行国家标准《建筑设计防火规范》GB 50016—2014 及《高层民用建筑设计防火规范》GB 50045—95 确定。

消防用水量仅用于校核管网计算，不计入正常用水量。

2. 相关注解

① 居住小区

A. 按《城市居住区规划设计规范》GB 50180—1993（2002 年版）对城市居住区分级控制规模的划分：居住户数 10000～16000 户，居住人口规模 30000～50000 人称为城市居住区；居住户数 3000～5000 户，居住人口规模 10000～15000 人称为居住小区；居住户数 300～1000 户，居住人口规模 1000～3000 人称为居住组团。

B. 《建筑给水排水设计规范》GB 50015—2003（2009 年版）条文说明明确指出：本规范在条文中只使用了"居住小区"这一术语，它包含了 15000 人以下的居住小区或居住组团。所以本规范涉及居住小区的条文不适用于人口在 15000 人以上的城市居住区。城市居住区的给水排水设计应按现行国家标准《室外给水设计规范》GB 50013—2006 和《室外排水设计规范》GB 50014—2006（2014 年版）执行。

②《建筑给水排水设计规范》GB 50015—2003（2009 年版）表 3.1.9 与 2003 年版表 3.1.9 相同。

2003 年版对 1997 年版修订时，普通住宅 3 个类别按Ⅰ、Ⅱ、Ⅲ排序，取消了高级住宅这一类别，同时对用水定额作了略微调整。依据其条文说明对 3 类住宅注解如下：

Ⅰ类住宅卫生器具配置标准最低，只配置有大便器、洗涤盆。这类住宅在新建的商品房中已极少见。

Ⅱ类住宅是目前住宅的典型，大便器、洗脸盆、洗涤盆、洗衣机、热水器和沐浴设备一应俱全，其卫生器具的配置标准是小康家庭的代表。

Ⅲ类住宅应属高标准，不仅大便器、洗脸盆、洗涤盆、洗衣机一一配置，而且热源升格为集中热水供应，家用热水机组一并进户。

③《建筑给水排水设计规范》GB 50015—2003（2009 年版）对 2003 年版局部修订时：表 3.1.10 中将宿舍单列，并按国家现行标准《宿舍建筑设计规范》JGJ 36—2005 进行分类，同时适当提高用水量标准和 K_h 值；根据反馈意见在表 3.1.10 中增列了有下划线标记的酒店式公寓、图书馆、书店、会展中心（博物馆、展览馆）及航站楼等。依据其条文说明对宿舍分类注解如下：

Ⅰ类——博士研究生、教师和企业科研人员，每居室 1 人，有单独卫生间。

Ⅱ类——高等学校的硕士研究生，每居室 2 人，有单独卫生间。

Ⅲ类——高等学校的本、专科学生，每居室 3～4 人，有相对集中卫生间。

Ⅳ类——中等学校的学生和工厂企业的职工，每居室 6～8 人，集中盥洗卫生间。

④ 游泳池

按《游泳池和水上游乐池给水排水设计规程》CECS 14—2002 给定的术语——游泳池属人工建造的，供人们在水中以规定的各种姿势划水前进或进行活动的水池。

⑤ 水上游乐池

同④，水上游乐池亦属人工建造的，供人们在水上或水中娱乐、休闲和健身的各种游乐设施和水池。如滑道池、造浪池、环流河、按摩池及戏水池等。

⑥ 滑道池：为保证人们安全地从高台通过滑道下滑到最低位置而建造的水池。滑道内保持有一定厚度并连续不断的水流，从滑道顶端流入水池。

⑦ 造浪池：人工建造的，能产生类似江海波浪的供人们休闲、娱乐的水池。池子深端设一定长度的平底，随后按规定坡度向另一端升高，直至池底与地面相平。

⑧ 环流河：人工建造的，靠设在不同河段内的循环推流水泵推动河水不断向前流动的环形弯曲河流。

⑨ 按摩池：人工建造的，利用注入空气且有一定压力的喷射水流对人体各部位进行按摩的水池。

⑩ 戏水池：人工建造的，具有较高趣味性和吸引力的玩水娱乐水池。

⑪ 公用设施

A. 定义：按重庆市规划局二〇〇七年十二月编制的《重庆市城乡规划公共服务设施规划导则（试行）》，公用设施（即公共服务设施）是指城市中为社会服务的行政、经济、文化、教育、卫生、体育、科研及设计等机构或设施。

B. 分级：公用设施分为居住地区、居住区、居住小区三级；城市社区分为社区街道与社区居委会二级。社区街道服务人口和范围基本与居住区对应，社区居委会服务人口和范围基本与居住小区对应。

C. 公共服务设施的内容：

教育：幼托、小学、中学等；

医疗卫生：医院、诊所、保健等；

文化体育：电影院、文化馆、运动场；

商业服务：商业、饮食、服务、修理等；

金融邮电：银行、邮电所等；

社区服务：居委会、社区服务中心、老年设施等；

市政公用：变电室、高压水泵房；

行政管理及其他：街道办事处、派出所、市场工商管理部门、防空地下室等。

4.2 设计流量通过计算管段时的水流速度

1. 建筑物内生产、生活给水管的水流速度

（1）一般可参照表 4-2 取值。

建筑物内生产、生活给水管的水流速度 表 4-2

公称直径（mm）	15～20	25～40	50～70	≥80
水流速度（m/s）	≤1.0	≤1.2	≤1.5	≤1.8

（2）也可依据下列数据取用：

1）卫生洁具的配水支管一般采用 0.6～1.0m/s。

2）横向配水管当管径超过 25mm 时，宜采用 0.8～1.2m/s。

3）环状管、干管和立管宜采用 1.0～1.8m/s。

4）各种新型管材推荐流速如下：

① 建筑给水铜管

管径小于 25mm 时，流速宜采用 0.6～0.8m/s；

管径大于等于 25mm 时，流速宜采用 0.8～1.5m/s。

② 建筑给水薄壁不锈钢管

公称直径小于 25mm 时，流速宜采用 0.8～1.0m/s；

公称直径大于等于 25mm 时，流速宜采用 1.0～1.5m/s。

③ 建筑给水硬聚氯乙烯（PVC-U）管

公称外径小于等于 50mm 时，流速小于等于 1.0m/s；

公称外径大于 50mm 时，流速小于等于 1.5m/s。

④ 建筑给水聚丙烯（PP）管

公称外径小于等于 32mm 时，流速不宜大于 1.2m/s；

公称外径为 40～63mm 时，流速不宜大于 1.5m/s；

公称外径大于 63mm 时，流速不宜大于 2.0m/s。

⑤ 建筑给水氯化聚氯乙烯（PVC-C）管

公称外径小于等于 32mm 时，流速应小于 1.2m/s；

公称外径为 40～75mm 时，流速应小于 1.5m/s；

公称外径不小于 90mm 时，流速应小于 2.0m/s。

⑥ 复合管可参照内衬材料的管道流速选用

建筑给水超薄壁不锈钢塑料复合管的流速宜取 0.8～1.2m/s；

管内最大流速不应超过 2.0m/s。

2. 消防给水管设计流速

（1）低压消火栓系统给水管道，流速不宜大于 2.5m/s。

（2）自动喷水灭火系统给水管道，流速不宜大于 5.0m/s，配水支管流速不得大于 10m/s。

（3）消防水池补水管设计流速以 1.0m/s 计算，且最大不宜大于 2.5m/s。

3. 热水管道流速

热水管道内的流速，宜按表 4-3 选用。

热水管道流速

表 4-3

公称直径（mm）	15～20	25～40	≥50
水流速度（m/s）	≤0.8	≤1.0	≤1.2

注：当建筑对防止噪声有严格要求时，其热水管道流速宜采用 0.6～0.8m/s。

4. 水泵吸水（出水）管设计流速

（1）建筑给水水泵：

吸水管内水流速度一般为 1.0～1.2m/s；

出水管内水流速度一般为 1.5～2.0m/s。

（2）消防给水水泵：

吸水管内水流速度可采用 1.0～1.2m/s（$DN<250mm$）或 1.2～1.6m/s（$DN\geqslant$ 250mm）；

出水管内水流速度可采用 1.5～2.0m/s。

5. 贮水池进、出水管流速

进水管流速采用 0.5～1.2m/s；

出水管流速采用 1.0～1.2m/s。

6. 建筑小区给水管道设计流速

可按各种管材确定，在资料不全时一般可取 1.0～1.5m/s，消防时的流速可取 1.5～ 2.0m/s，但最大不得超过 3.0m/s。

从技术上考虑，最大流速应不超过 2.5～3.0m/s（防止水锤），最小流速不得小于 0.6m/s（防止沉积）。从经济上考虑，较大的水流速度可减小管道直径，降低工程造价；但由于水流速度大而会导致水头损失增加，从而加大运行的功力费用。合理的流速应该使得在一定年限（投资偿还期）内管网造价与运行费用之和最小。

各城市的经济流速值应按当地条件，如水管材料和价格、施工条件、电费等来确定，不能直接套用其他城市的数据。因为计算复杂，有时简便地应用"界限流量表"确定经济管径，见表 4-4。

界限流量表

表 4-4

管径 （mm）	界限流量 （L/s）	管径 （mm）	界限流量 （L/s）
100	<9	450	130～168
150	9～15	500	168～237
200	15～28.5	600	237～355
250	28.5～45	700	355～490
300	45～68	800	490～685
350	68～96	900	685～822
400	96～130	1000	822～1120

设计时也可采用平均经济流速来确定管径，得出的是近似经济管径，平均经济流速见下表 4-5。

管径（mm）	平均经济流速（m/s）
100～400	0.6～0.9
≥400	0.9～1.4

注：按说应通过技术经济计算求解管网各管段的经济管径，但如同编者当年就读大学时用的教科书《给水工程》（上册）所说：目前在设计中亦有采用简化的方法，即用所谓平均经济流速的方法求得近似的经济管径。平均经济流速是由实际的设计材料及经济计算得出的。其值为中小管径（100～400mm）0.6～0.9m/s；大管径（400mm 以上）0.9～1.4m/s。

4.3 给水管道的沿程水头损失

《室内给水排水和热水供应设计规范》GBJ 15—1964、TJ 15—1974（试行）及《建筑给水排水设计规范》GBJ 15—1988、GBJ 15—1988（1997 年版）共四版给水排水设计规范在计算给水管道的沿程水头损失时，采用以旧钢管、旧铸铁管及塑料管为对象建立的舍维列夫公式。

只有《建筑给水排水设计规范》GB 50015—2003、GB 50015—2003（2009 年版）两个版本在计算给水管道的沿程水头损失时，多种管材采用能够适应不同粗糙系数管道的海曾-威廉公式，作为统一的水力计算公式。

1. 舍维列夫计算方法及有关水力计算表

（1）旧钢管和旧铸铁管的水力计算

1）依据的手册和规范

① 中国建筑工业出版社出版发行：

1973 年版《给水排水设计手册》—第二册《管渠水力计算表》；

1973 年版《给水排水设计手册》—第三册《室内给水排水与热水供应》；

1986 年版《给水排水设计手册》—第 1 册《常用资料》；

1986 年版《给水排水设计手册》—第 2 册《室内给水排水》；

2001 年第二版《给水排水设计手册》—第 1 册《常用资料》；

2001 年第二版《给水排水设计手册》—第 2 册《建筑给水排水》；

1992 年版《建筑给水排水设计手册》。

② 中国计划出版社出版发行：

《室内给水排水和热水供应设计规范》GBJ 15—1964；

《室内给水排水和热水供应设计规范》TJ 15—1974（试行）；

《建筑给水排水设计规范》GBJ 15—1988；

《建筑给水排水设计规范》GBJ 15—1988（1997 年版）。

2）计算方法

1961 年同济大学与哈尔滨建筑工程学院编著，"给水工程"教材选编小组选编的高校教科书《给水工程》（上册）写到：在确定管段的水头损失时，很少直接用公式计算，通常利用表格和图表。书后附录Ⅲ给出了旧钢管和铸铁管的水力计算图表（舍维列夫公式）。

① 按水力坡降计算水头损失：

当 $v \geq 1.2$m/s 时，

$$i = 0.00107 \frac{v^2}{d_j^{1.3}}$$

当 $\upsilon < 1.2\text{m/s}$ 时，

$$i = 0.000912\frac{\upsilon^2}{d_j^{1.3}}\left(1+\frac{0.867}{\upsilon}\right)^{0.3}$$

式中　i——管道单位长度的水头损失，mm/m；

　　　υ——管道内的平均水流速度，m/s；

　　　d_j——管道计算内径，m。

② 按比阻计算水头损失：

$$A = \frac{i}{Q^2} = \frac{0.001736}{d_j^{5.3}}$$

式中　A——管道的比阻，$\text{s}^2/(\text{m}^3)^2$；

　　　i——管道单位长度的水头损失，m/m；

　　　Q——计算流量，m^3/s；

　　　d_j——管道计算内径，m。

3）水力计算表

以上各版本手册和规范中应属 2001 年第二版《给水排水设计手册》据我们最近。该版本以 1986 年版为基础，以现行国家标准、规范为依据，对《给水排水设计手册》进行了全面修订。修订后内容完整、面目一新、更据看点。故各水力计算用表均以此版为准。

表 11-1　编制钢管和铸铁管水力计算表时所用的计算内径尺寸（P330）；

表 11-2　中等管径与大管径钢管 1000i 值的修正系数 K_1（P331）；

表 11-3　中等管径与大管径钢管 υ 值的修正系数 K_2（P332）；

表 11-4　钢管的比阻 A 值（P333）；

表 11-5　铸铁管的比阻 A 值（P334）；

表 11-6　钢管和铸铁管 A 值的修正系数 K_3（P335）。

下面各表选用附注：①表 11-7～表 11-10 钢管水力计算表的管壁厚度均采用 10mm，使用时如管壁厚度不同，则应对 1000i 值、υ 值及 A 值加以修正。修正时还应考虑管壁厚度、平均水流速度双层因素，同时乘以 K_1 和 K_3；而表 11-11 和表 11-12 铸铁管只计入修正系数 K_3。②按比阻计算水头损失时，因 A 值计算式只适用于平均水流速度≥1.2m/s 的情况，当 $\upsilon < 1.2\text{m/s}$ 时，表 11-4 和表 11-5 中的比阻 A 值应乘以修正系数 K_3。

表 11-7　钢管（水煤气管）的 1000i 和 υ 值（P336～346）；

表 11-8　钢管 $Dg = 125～350\text{mm}$ 的 1000i 和 υ 值（P347～357）；

表 11-9　钢管 $Dg = 400～1000\text{mm}$ 的 1000i 和 υ 值（P358～372）；

表 11-10　钢管 $Dg = 1100～2600\text{mm}$ 的 1000i 和 υ 值（P373～383）；

表 11-11　铸铁管 $Dg = 50～1000\text{mm}$ 的 1000i 和 υ 值（P384～405）；

表 11-12　铸铁管 $Dg = 1100～1500\text{mm}$ 的 1000i 和 υ 值（P406～414）。

（2）塑料给水管[①]的水力计算

1）依据的手册和规范

① 中国建筑工业出版社出版发行：

1986 年版《给水排水设计手册》—第 1 册《常用资料》；

1986 年版《给水排水设计手册》—第 2 册《室内给水排水》；

2001 年第二版《给水排水设计手册》—第 1 册《常用资料》；

2001 年第二版《给水排水设计手册》—第 2 册《建筑给水排水》；

1992 年版《建筑给水排水设计手册》。

② 中国计划出版社出版发行：

《建筑给水排水设计规范》GBJ 15—1988；

《建筑给水排水设计规范》GBJ 15—1988（1997 年版）。

2）计算方法

$$i = 0.000915 \frac{Q^{1.774}}{d_j^{4.774}}$$

式中　i——管道单位长度的水头损失，mm/m；

Q——计算流量，m³/s；

d_j——管道计算内径，m。

3）塑料给水管水力计算表

以上各版本手册和规范中同样应属 2001 年《给水排水设计手册》第二版距我们最近。于是水力计算用表均以此版为准。

表 17-1　轻工业部部标准硬聚氯乙烯管及聚乙烯管 K_1、K_2 值（P702）；

表 17-2　轻工业部部标准聚丙烯管 K_1、K_2 值（P703）；

表 17-3　化学工业部部标准硬聚氯乙烯管及聚乙烯管 K_1、K_2 值（P704）；

注：①为计算方便，表 17-4 是按标准管的计算内径编制的。各种不同材质、不同规格的塑料管，由于计算内径互有差异，应将查水力计算表所得的 $1000i$ 值和 v 值，分别乘以阻力修正系数 K_1 和流速修正系数 K_2 进行修正。

表 17-4　塑料给水管水力计算（P705～718）。

（3）各种塑料管材有关生产厂家试验、测试后推荐的水力计算表

资料来源于 2008 年第二版《建筑给水排水设计手册》（下册）。

1）附表 C②　给水聚丙烯（PP-R、PPB）管水力计算表

表 C-1　给水聚丙烯冷水管水力计算（P967～977）；

表 C-2　给水聚丙烯热水管水力计算（P977～985）。

注：②附表 C 是按公称压力 1.25MPa，工作水温 20℃，运动黏滞系数 $v=0.101$cm²/s 编制的。工作水温不同则运动黏滞系数 v 不同，公称压力等级不同则管道的计算内径不同。于是应按设计采用的工作水温和管道公称压力，将查得的 $1000i$ 值乘以水温修正系数 k_1 和阻力修正系数 k_2。由公式 $D = \sqrt{\frac{4Q}{\pi v}}$ 知，在所给流量下，管径与流速的平方根成反比，管径小流速大，管径大流速小。同样应将查得的流速 v 值乘以流速修正系数 k_3。

表 C-3　阻力修正系数 k_2、流速修正系数 k_3（P985）；

表 C-4　水温修正系数 k_1（P986）。

2）附表 D　建筑给水氯化聚氯乙烯（PVC-C）管水力计算表

表 D-1　管系列 S6.3 的冷水（10℃）水力计算表（P97～1002）；

表 D-2　管系列 S5 的冷水（10℃）水力计算表（P1003～1018）；

表 D-3　管系列 S5 的热水（60℃）水力计算表（P1019～1033）；

表 D-4　管系列 S4 的热水（60℃）水力计算表（P1034～1048）。

3）附表 E　交联聚乙烯（PE、PEX、PE-RT）管水力计算图表③（P1050～1051）。

注：③当管道系统水温低于 60℃时，应乘以下列温度修正系数。

表 E-1　水头损失温度修正系数（P1050）。

4）附表 F　建筑给水铝塑复合（PAP）管水力计算图（P1052）。

5）附表 G　建筑给水钢塑复合管水力计算表④

表 G-1　建筑给水用衬塑钢管水力计算表（P1053～1064）；

表 G-2　建筑给水用涂塑钢管水力计算表（P1065～1076）。

注：④附表 G 所列是水温为 10℃时的数据，当设计水温高于 10℃时，其单位长度水头损失应乘以下列温度修正系数。

表 G-3　水头损失温度修正系数（P1076）。

6）附表 H　建筑给水薄壁不锈钢管水力计算表⑤（P1077～1086）。

注：⑤附表 H 所列是水温为 10℃时的数据，当设计水温高于 10℃时，其单位长度水头损失应乘以下列温度修正系数。

表 H-2　水头损失的温度修正系数（P1086）。

7）附表 J　建筑给水铜管水力计算表（P1087～1104）。

注：我国塑料管道大致经历了研究开发、推广应用和产业化发展三个阶段。

第一阶段：1994 年以前为研究开发阶段，通过一些工程试点工作，初步显示了塑料管道的优良性能和发展前景。

第二阶段：1994—1999 年为推广应用阶段，在这期间开始了在工程建设中大量使用塑料管道。

第三阶段：1999 年之后，国家《关于加强技术创新，推进化学建材产业化的若干意见》的出台，标志着我国塑料管道进入产业化发展阶段。

近十几年来，我国塑料管道产业得到了迅速发展。初步形成了以硬聚氯乙烯（PVC-U）管、聚乙烯（PE）管和聚丙烯（PP）管为主的塑料管产业。

发展前景：西部大开发、西气东输、南水北调、全国公路网、铁路网建设以及各地防止江河湖海污染和改善生活环境的工程都为塑料管材开辟了巨大市场。在《国家化学建材产业"十五"计划和 2010 年发展规划纲要》中规定的 2010 年发展目标——到 2010 年，建筑给水管和排水管道 80％采用塑料管，建筑雨水排水管道 70％采用塑料管，建筑电线穿线护套管 90％采用塑料管，城镇供水管道 70％采用塑料管，城镇排水管道 30％采用塑料管，城镇燃气管道 60％采用塑料管。

2. 海澄-威廉计算方法及有关水力计算表

（1）依据的手册和规范

1）中国建筑工业出版社出版发行：

2012 年第三版《给水排水设计手册》—第 1 册《常用资料》；

2012 年第三版《给水排水设计手册》—第 2 册《建筑给水排水》；

2008 年第二版《建筑给水排水设计手册》（上、下册）。

2）中国计划出版社出版发行：

《建筑给水排水设计规范》GB 50015—2003；

《建筑给水排水设计规范》GB 50015—2003（2009 年版）。

（2）计算方法

近年来，不锈钢管、铜管被普遍使用，各种塑料管的使用也日趋成熟。多种管材的使用，分别采用各自的水力计算公式很不方便。为此，《建筑给水排水设计规范》GB 50015—2003 为便于采用，决定采用能够适应不同粗糙系数管道的海澄-威廉公式，作为各种管材统一的水力计算公式，这是本行业的一次跨越。此举措在中国建筑工业出版社分别于2008年出版发行的第二版《建筑给水排水设计手册》（上册）及2012年出版发行的第三版《给水排水设计手册》第1册《常用资料》、第2册《建筑给水排水》中均已显现。

$$i = 105\, C_{\mathrm{h}}^{-1.85}\, d_{\mathrm{j}}^{-4.87}\, q_{\mathrm{g}}^{1.85}$$

式中　i——管道单位长度水头损失，kPa/m；

　　d_{j}——管道计算内径，m；

　　q_{g}——设计流量，m³/s；

　　C_{h}——海澄-威廉系数。

各种塑料管、内衬（涂）塑管 C_{h}＝140；

铜管、不锈钢管 C_{h}＝130；

内衬水泥、树脂的铸铁管 C_{h}＝130；

普通钢管、铸铁管 C_{h}＝100。

（3）水力计算表

4.4　建筑物引入管及室内给水管道布置

依据现行设计规范及设计手册的有关规定，室内给水管道布置时应满足以下几点要求：

（1）室内生活给水管道宜布置成枝状管网，单向供水。对不允许断水的建筑和车间，给水引入管应设置两条，在室内连成环状管网或贯通枝状管网双向供水。

由室外环网同侧引入两个引入管时，两个引入管的间距不得小于15m，并在两个接点间的室外给水管道上设置分隔闸门。

（2）管道布置注意事项

1）力求水力条件最佳：充分利用室外给水管网的水压；在保证供水安全的前提下，给水管道力求短而直；引入管和给水干管宜靠近用水量最大或不允许间断供水处。

2）满足使用、维修及美观要求：管道宜沿墙、梁、柱直线敷设，但不能妨碍生活、工作、通行；对美观要求较高的建筑物，给水管道可在管槽、管井、管沟及吊顶内暗设；为便于检修，管井应每层设检修门，暗设在吊顶或管槽内的管道，在阀门处亦应设检修门；管道安装位置应有足够的空间以利拆换附件；引入管应有不小于0.003的坡度坡向外管网或坡向阀门井、水表井，以便检修时排放存水。

（3）给水管道不得布置在建筑物的下列房间或部位，以便保证生产及使用安全：

1）室内给水管道的布置，不得妨碍生产操作、交通运输和建筑物的使用。

2）室内给水管道不应穿越变配电房、电梯机房、通信机房、大中型计算机房、计算机网络中心以及有屏蔽要求的X光、CT室、档案室、书库、音像库房等遇水会损坏设备和引发事故的房间，并应避免从生产设备和配电室、配电设备、仪器仪表上方通过；一般不宜穿越卧室、书房及贮藏间。

3）室内给水管道不得布置在遇水会引起燃烧、爆炸的原料、产品和设备的上面。本条为强制性条文必须按规范要求严格执行。规范条文说明指出：本条规定室内给水管道敷设的位置不能由于管道漏水或结露产生的凝结水造成对安全的严重隐患，产生对财物的重大损害。

遇水会引起燃烧、爆炸的原料、产品可简称为遇水燃烧物质，遇水燃烧物质（亦称遇湿易燃物品）是指凡遇水或与潮气接触能发生剧烈反应，并分解产生可燃气体，同时放出热量使可燃气体温度猛升到自燃点，从而引起燃烧爆炸的物质。

遇水燃烧物质按遇水或受潮后发生反应的强烈程度及其危险性大小，划分为一级遇水燃烧物质、二级遇水燃烧物质以及其他遇水致燃物品 3 个级别。

① 遇水燃烧物质及灭火药剂详见表 4-6。

遇水燃烧物质及灭火药剂   表 4-6

名称			别名	分子式	消防药剂
一级遇水燃烧物质	金属及其合金类	金属锂	锂	Li	石墨粉、干砂，禁止用水、泡沫或卤化物
		金属钠	钠	Na	干粉、干砂，严禁用水和泡沫
		金属钾	钾	K	干粉、干砂，严禁用水和泡沫
		金属铷	铷	Rb	氯化钠、碳酸钠"钙"干粉，不可用水或卤化物
		金属锶	锶	Sr	石墨粉、干粉及干砂，不可用水、泡沫或卤化物
		金属铯	铯	Cs	氯化钠、碳酸钠"钙"干粉，不可用水或卤化物
		金属钡	钡	Ba	石墨粉、干粉及干砂，不可用水、泡沫或卤化物
		钾汞齐	钾汞膏、钾汞合金	HgK	干燥黄砂、干粉及石灰粉，禁止用水和泡沫
		钠汞齐	钠汞膏、钠汞合金	HgNa	干砂、干粉及石灰粉，禁止用水和泡沫
		钾钠合金	钠钾合金	NaK	干砂、干粉及石灰粉，禁止用水和灭火机
	金属氢化物	氢化锂		LiH	干砂、干粉及石灰粉，禁止用水和泡沫
		氢化钾		KH	干砂、干粉及石灰粉，禁止用水和泡沫
		氢化钠		NaH	干砂、干粉及石灰粉，禁止用水和泡沫
		氢化铝锂	四氢化锂铝、氢铝化锂	$LiAlH_4$	干砂、干粉及石灰粉，禁止用水和泡沫
		氢化铝钠	四氢化钠铝、氢铝化钠	$AlNaH_4$	干砂、干粉及石灰粉，禁止用水和泡沫
	硼氢类（硼烷 B_rH_y）	二、五、六硼氢	二（乙）、五（戊）、六（己）硼烷	B_2H_6、B_5H_9、B_6H_{10}	干粉、干砂，严禁用水
		十硼氢	癸硼烷、十硼烷	$B_{10}H_{14}$	干粉、干砂，严禁用水

名称		别名	分子式	消防药剂
一级遇水燃烧物质	金属碳化物	碳化钙	电石、二氧化碳、臭煤石	CaC_2	干粉、干砂，严禁用水和泡沫
		碳化铝		Al_4C_3	干粉、干砂，严禁用水
		碳化钾、碳化钠		K_2C_2、Na_2C_2	干粉、干砂，严禁用水
	金属磷化物	磷化钙	二磷化三钙、磷化石灰	Ca_3P_2	干粉、干砂，严禁用水和泡沫
	金属粉末类	铝镁合金粉		Mg_4Al_3	干砂、干粉，禁止用水和泡沫
二级遇水燃烧物质	金属类	金属钙	钙	Ca	干粉、干砂，严禁用水和泡沫
		金属镁	镁粉	Mg	干粉、干砂，不可用泡沫、四氯化碳或二氧化碳
	金属氢化物	氢化钙		CaH_2	干砂、干粉及石灰粉，禁止用水和泡沫
		氢化铝	铝烷	AlH_3	干砂、干粉及石灰粉，禁止用水和泡沫
		氢化钡		BaH_2	干砂、干粉及石灰粉，禁止用水和泡沫
	硼氢类	硼氢化钾	硼氢钾、钾硼氢、四氢硼钾	KBH_4	干粉、干砂，不可用水
		硼氢化钠	硼氢钠、钠硼氢	$NaBH_4$	干粉、干砂，不可用水
	金属碳化物	氰氨化钙	石灰氮、碳氮化钙	$CaCN_2$	干粉、干砂，不能用水和泡沫
	金属粉末类	铝粉	银粉、铝银粉	Al	不可用四氯化碳和水
		锌粉	锌灰、亚铅粉	Zn	干粉、干砂，不可用水
	其他活性物质	保险粉	低亚硫酸钠、连二亚硫酸钠	$Na_2S_2O_4$	干粉、干砂
其他遇水致燃物品		过氧化钾	二氧化钾	K_2O_2	干砂、干土及干粉，禁止用水、泡沫及二氧化碳
		过氧化钠	二氧化钠、双氧化钠	Na_2O_2	干砂、干土及干粉，禁止用水、泡沫及二氧化碳
		氢氧化钾	苛性钾	KOH	可用水、砂土
		氢氧化钠	苛性钠、烧碱	$NaOH$	可用水、砂土
		发烟硫酸	焦硫酸	$H_2SO_4 \cdot SO_3$	只宜用干砂、二氧化碳，不可用水
		氯磺酸		$HClO_3S$	可用干砂、二氧化碳
		三氯化磷		PCl_3	干粉、干砂
		四氯化钛	氯化钛	$TiCl_4$	可用干砂、二氧化碳，不可用水
		四氯化锡（无水）	氯化锡	$SnCl_4$	可用干砂、二氧化碳，不得用水

注：1. 遇水或遇酸燃烧爆炸是遇水燃烧物质共同具有的危险，于是在贮存、运输和使用时，应注意防水、防潮、防雨雪。着火时不准用水或酸碱泡沫灭火剂扑救。酸碱泡沫灭火剂是利用碳酸氢钠溶液和硫酸溶液的作用，产生二氧化碳气体进行灭火的。这些灭火剂是以溶液为药剂，溶液中含有大量水，故严禁使用。不少遇水燃烧物质能够遇酸起作用生成可燃气体，而且反应剧烈。酸碱泡沫灭火器喷射液中多少都会含有未作用的残酸，若用这类灭火器灭火犹如火上加"油"会引起更大危险。

　　2. 本表消防药剂部分主要摘录于：淮海工学院设备与实验室管理处《常用危险品性质储存灭火方法》；《化工安全生产常用资料》。

② 遇水燃烧物质特征

a. 一级遇水燃烧物质

一级遇水燃烧物质是指与水或酸反应时速度快，能放出大量的易燃气体，热量大，极易引起自燃或爆炸的物质。

金属锂：银灰色，非常轻，20℃能像软木塞一样漂浮在水面。化学反应活性很高，遇湿气（$2Li+2H_2O=2LiOH+H_2\uparrow$）放出氢气与热量而引起燃烧和爆炸。

金属钠：银白轻柔而有延展性，在空气中氧化极快，常温时为蜡状，低温时则脆硬。燃点为100℃，钠能使水分解放出氢及大量热，使氢着火。

金属钾：银白色，在空气中极易氧化，能使水分解放出氢及大量热，使氢着火。

金属铷：银白色蜡状柔软金属，化学反应活性很高，暴露在空气或氧气中能自行燃烧并爆炸。遇水或潮气猛烈反应放出氢气和大量热，引起燃烧或爆炸。

金属锶：银白色至淡黄色软金属，化学反应活性较高，加热到熔点以上能自燃。细粉末遇明火极易燃烧爆炸。遇水发生反应放出氢气及热量能引起燃烧。

金属铯：是一种银金色的碱金属，色白质软熔点低，放在手中即会熔化。遇水反应非常剧烈，能在瞬间放出大量的氢气和热量，故最容易爆炸。

金属钡：有光泽的银白色金属略具延展性。化学反应活性较高，熔融状态时能在空气中自燃，粉尘能在常温下燃烧。遇水反应剧烈并放出氢气引起燃烧。

钾汞齐、钠汞齐：是钾、钠和汞的合金，与水反应生成氢氧化钾、氢氧化钠并放出氢气，引起燃烧同时产生高毒的汞蒸气。

钾钠合金：银色的软质固体或液体，遇潮气及水发生剧烈反应，放出氢气立即自燃，有时会猛烈爆炸。

氢化锂：玻璃状无色透明固体，商品常为灰色粉末。常温下在干燥空气中不分解，在潮湿空气中能自燃。遇水发生分解反应变成氢氧化锂和氢气。

氢化钾：白色针状结晶，商品为灰色粉末，半分散于油中。化学反应活性很高，与氧化剂能发生强烈反应及遇潮气即放出热量和氢气而引起燃烧和爆炸。

氢化钠：纯氢化钠无色，商品呈灰色。化学反应活性很高，遇潮湿空气能自燃。与氧化剂能发生强烈反应及遇潮气即放出热量和氢气而引起燃烧和爆炸。

氢化铝锂：白色或灰白色结晶粉末，在干燥空气中稳定，在潮湿空气中或遇水即水解并引起燃烧。

氢化铝钠：纯氢化铝钠为白色晶体，遇水、潮湿空气分解放出氢气引起燃烧或爆炸。

二、五、六硼氢：硼烷极易燃烧，二硼氢是气体，五、六硼氢是液体，烷基硼氢一般是液体或气体，此类物质有毒，有时会自燃，加热或被碱分解为硼和氢，易受水和氧的作用发生燃烧，放出大量热。

十硼氢：白色固体，遇水分解成氢硼酸，有恶臭，蒸气在空气中能自燃。

碳化钙：白色带灰暗色多孔固体，遇水产生乙炔，如含磷超过0.06％及含硫超过0.1％的电石，遇水易自燃引起爆炸，电石细末受潮易发热能使乙炔自燃。

碳化铝：灰绿色粉块状固体，遇水即分解出甲烷。

碳化钾、碳化钠：接触水能分解爆炸，同时使金属燃烧，而碳则成游离状态析出。

磷化钙：灰色块状，遇水分解产生剧毒磷化氢气体，在空气中能自燃。

铝镁合金粉：颜色为灰和褐色，密度约为 $2.15g/cm^3$。大量粉尘遇潮湿空气、水蒸气能自燃。粉尘车间主要的危险是粉尘爆炸。

b. 二级遇水燃烧物质

二级遇水燃烧物质是指与水或酸反应时的速度比较缓慢，放出的热量也比较少，产生的可燃气体一般需要与水源接触，才能发生燃烧或爆炸的物质。

金属钙：银色，加热到300℃起燃，燃烧时呈明亮火焰，在高温下能还原金属及非金属氧化物，还原NO和 P_2O_5 时能发生爆炸，分解水和酸放出氢气。

金属镁：银白色金属，质硬略有延展性。遇水或潮气猛烈反应放出氢气及大量热，引起燃烧或爆炸。遇氧化剂剧烈反应，有燃烧、爆炸危险。

氢化钙：灰白色结晶或块状，极易潮解。化学反应活性很高，遇潮气、水发生反应放出氢气并能引起燃烧。遇氧化剂、金属氧化物剧烈反应。

氢化铝：无色或者灰色粉末或固体，为热稳定性最高的晶型。暴露在空气中能自燃，遇水反应生成氢气并放热引起燃烧，与氧化剂能发生强烈反应。

氢化钡：灰色结晶块，遇水分解。在潮湿空气中能自燃，遇水发生反应放出氢气和热量，能引起燃烧。与氧化剂能发生强烈反应。

硼氢化钾：红色结晶，遇水分解放出氢气能自燃。

硼氢化钠：白色、灰色或带棕色结晶状或粉末，遇水分解放出氢气，在潮湿空气中可自燃。

氰氨化钙：纯品为无色六方晶体，不纯品呈灰黑色，质地较轻并有特殊臭味。遇水或潮气产生易燃气体和热量，有发生燃烧爆炸的危险。如含杂质碳化钙或少量磷化钙时，则遇水自燃。

铝粉：银白色细粉状。铝粉在常温下能与碱的溶液和氨反应生成氢气。遇水、蒸汽发生燃烧、爆炸。自燃点470～645℃，粉尘爆炸下限 $40g/m^3$。

锌粉：白色、带蓝灰色或彩灰色光辉的粉末，遇水、潮气能引起燃烧及爆炸，飞扬粉末与空气形成爆炸性混合物，自燃点680℃，粉尘爆炸下限 $480g/m^3$。

保险粉：黄白色或灰色结晶物，溶于水。遇潮湿空气能发热分解，将分解出的硫引燃。

c. 其他遇水致燃物品

过氧化钾：黄色无定型块状物，易潮解。强氧化剂，能与可燃有机物或易氧化物形成爆炸性混合物，经摩擦和与少量水接触可导致燃烧或爆炸。遇潮气、酸类会发生分解并放出氢气而助燃。急剧加热时可发生爆炸。

过氧化钠：淡黄色固体。强氧化剂，与可燃物混合或急剧加热会发生爆炸。遇潮气、酸类会发生分解并放出氧气而助燃。急剧加热时可发生爆炸。具有较强的腐蚀性。

氢氧化钾：白色晶体，易潮解。本品不会燃烧，遇水和水蒸气大量放热，形成腐蚀性溶液。具有强腐蚀性。

氢氧化钠：白色不透明固体，易潮解。遇潮气时对铝、锌和锡有腐蚀性，并放出易燃易爆的氢气。本品不会燃烧，遇水和水蒸气大量放热，形成腐蚀性溶液。

发烟硫酸：纯品为无色，无臭透明油状液体。有强烈腐蚀性和吸水性。遇水发生高热而飞溅。

氯磺酸：无色半油状液体，有极浓的刺激性气味。遇水猛烈分解产生大量的热和浓烟甚至爆炸。具有强腐蚀性。

三氯化磷：透明无色发烟液体，在湿空气中迅速分解，遇水猛烈分解生成氯化氢而发火或爆炸。

四氯化钛：无色或微黄色液体，有刺激性酸味。不燃，无特殊燃爆特性。遇水产生刺激性气体。

四氯化锡：无色发烟液体，固体时为立方结晶。受高热分解产生有毒的腐蚀性气体。

（4）保护管道不受损破坏

1）埋地敷设的给水管道应避免布置在可能受重物压坏处或受振动而损坏处。管道不得穿越生产设备基础，在特殊情况下必须穿越时，应设套管并与有关专业协商处理。埋地管道的覆土厚度：金属管不得小于 0.3m；塑料管管径≤50mm 时不宜小于 0.5m，管径＞50mm 时不应小于 0.7m。

2）给水管道不得敷设在烟道、风道、电梯井、排水沟内。给水管不宜穿越橱窗、壁柜，如不可避免时，应采取隔离和防护措施。给水管道不得穿过大便槽和小便槽，且立管离大、小便槽端部不得小于 0.5m。

3）给水管道不宜穿越伸缩缝、沉降缝、变形缝。如必须穿越时，应设置补偿管道收缩和剪切变形的装置，一般可采取下列措施：

① 螺纹弯头法：一般应尽量利用管道的转弯、悬臂端进行自然伸缩补偿，通常在穿墙处做成方形补偿器（如螺纹或曰丝扣弯，当空间允许时采用 Ω 形伸缩器）。

② 柔性接头法：在墙体两侧采取柔性连接（即采用可曲挠配件，如橡胶软管、金属波纹管等）。

③ 活动支架法：将伸缩缝、沉降缝、变形缝两侧的支架做成能使管道垂直位移而不能水平位移，以适应缩缝、沉降之引力。

④ 在管道或保温层外皮上、下留有不小于 150mm 的净空（即沉降量）。

4）塑料给水管道在室内宜暗设。

近年来，塑料给水管由于具有抗腐蚀性强、韧性好、耐湿性能好、节约能源且保护环境等众多优点，较好地避免了镀锌钢管易锈蚀、结垢及滋生细菌等缺点，故得到了广泛应用。只是明设易受碰撞而损坏，还有如暴露在光线下和流通的空气中易老化，另外美观欠佳等给使用带来诸多不便，因此说宜暗设。

暗设时须注意以下几点：①如果是砖墙，对于支管宜在墙上开槽，管道直接嵌入并用管卡将管子固定在管槽内。管槽宽度宜为管道外径 D_e＋20mm，槽深为管道外径 D_e，只要管子不露出砖坏墙面即可。②如果是钢筋混凝土剪力墙，则支管应敷设于墙表面，并用管卡固定于墙面上，待土建墙面施工时用高标号水泥砂浆抹平，然后在外面贴瓷砖等装饰材料。③厨房或卫生间亦可隐藏在设备或柜后以及管井内的立管，则不必嵌入墙内直接敷设。④地面管线可采用直接埋在地面找平层内。

5）塑料给水管道不得布置在灶台上边缘；明设的塑料给水立管距灶台边缘不得小于 0.4m，距燃气热水器边缘不宜小于 0.2m。达不到此要求时，应有保护措施。

塑料给水管道不得与水加热器或热水炉直接连接，应有不小于 0.4m 的金属管段过渡。

塑料给水管道不同于金属管道，布置时应考虑下列相关安全措施：

① 塑料给水管道若布置在灶台上边缘，炉灶口喷出的火焰及辐射热会损坏管道。燃气热水器虽无火焰喷出，但其燃烧部位外面仍有较高的辐射热，所以规范要求塑料给水管不应靠近。

② 塑料给水管道不得与水加热器或热水炉直接连接，是为防止加热器或炉体的过热温度直接传给管体而损害管道，一般应考虑设置不小于 0.4m 的金属管段过渡连接措施。

4.5 建筑给水引入管前所需水压[①]（H）

1. 计算法

$$H = 0.01H_1 + H_2 + H_3 + H_4 + H_5$$

式中　H——建筑给水引入管前所需水压，MPa；

　　　H_1——最不利配水点与引入管的标高差，m；

　　　H_2——建筑内部给水管网沿程和局部水头损失之和（MPa）；

　　　H_3——水表的水头损失，MPa；额定工作条件下的最大流量（即常用流量）时压力损失为 0.025MPa（现行《建筑给水排水设计规范》GB 50015—2003（2009年版）：宜取 0.03MPa；在校核消防工况时，宜取 0.05MPa），过载流量时压力损失为 0.10MPa；

　　　H_4——最不利配水点所需流出水头，m；按表 4-8 选用；

　　　H_5——为不可预见因素留有余地而予以考虑的富裕水头，一般按 0.02MPa 计。

计算得到的所需水压与室外给水管网能够供给的水压（H_0）有较大差别时，应对建筑内部某些管段的管径作适当调整。当 $H_0 > H$ 时，为充分利用室外给水管网水压，在流速允许的前提下缩小某些管段的管径；当 $H_0 < H$ 时，如相差不大可适当放大某些管段（一般放大较小的管径）的管径，以减小管网水头损失并避免设置升压装置。

2. 经验法

对于居住建筑的生活给水管网，设计时其所需水压也可根据建筑层数由表 4-7 估计所需最小水压值（地面以上）。

按建筑层数确定建筑给水管网所需水压　　　　　　　　表 4-7

建筑层数	1	2	3	4	5	6	7	8	9	10
最小服务水头（kPa）	100	120	160	200	240	280	320	360	400	440

注：二层以上每增高一层增加 40kPa。

注：① 《住宅建筑规范》GB 50368—2005 指明：当设有管道倒流防止器时，应将管道倒流防止器的水头损失考虑在内。同理，如设有管道过滤器等时，亦应将管道过滤器等的水头损失计入在内。依据《建筑给水排水设计手册》第二版（上册）：管道倒流防止器的局部水头损失，宜取 0.025～0.04MPa；管道过滤器的局部水头损失，宜取 0.01MPa。

序号	给水配件名称	公称管径(mm)	最低工作压力(MPa)	序号	给水配件名称	公称管径(mm)	最低工作压力(MPa)
1	洗涤盆、污水池、盥洗槽单阀水嘴	15	0.05	11	实验室化验水嘴(鹅颈)单联	15	0.02
	洗涤盆、污水池、盥洗槽单阀水嘴	20	0.05		实验室化验水嘴(鹅颈)双联	15	0.02
	洗涤盆、污水池、盥洗槽混合水嘴	15	0.05		实验室化验水嘴(鹅颈)三联	15	0.02
2	洗脸盆单阀水嘴	15	0.05	12	饮水器喷嘴	15	0.05
	洗脸盆混合水嘴	15	0.05				
3	洗手盆单阀水嘴	15	0.05	13	洒水栓	20	0.05~0.10
	洗手盆混合水嘴	15	0.05			25	0.05~0.10
4	浴盆单阀水嘴	15	0.05	14	室内地面冲洗水嘴	15	0.05
	浴盆混合水嘴(含带淋浴转换器)	15	0.05~0.07				
5	淋浴器混合阀	15	0.05~0.10	15	家用洗衣机水嘴	15	0.05
6	大便器冲洗水箱浮球阀	15	0.02	16	器皿洗涤机	按产品要求	按产品要求
	大便器延时自闭式冲洗阀	25	0.10~0.15				
7	小便器手动或自动自闭式冲洗阀	15	0.05	17	土豆剥皮机	15	按产品要求
	小便器自动冲洗水箱进水阀	15	0.02				
8	小便槽穿孔冲洗管(每1m长)	15~20	0.015	18	土豆清洗机	15	按产品要求
9	净身盆冲洗水嘴	15	0.05	19	蒸锅及煮锅	按产品要求	按产品要求
10	医院倒便器	15	0.05				

4.6　关于居住建筑套内分户用水点及入户管的供水压力

供水压力除了与住户卫生洁具的正常使用有关外，还与国家提倡的节水、节能息息相关。洁具供水压力过大，水嘴出水量就会超出正常使用要求而造成水资源的浪费。最不利配水点流出水头过高，使得供水设备的扬程、功率相应增大而造成能源的浪费。于是《建筑给水排水设计规范》GB 50015—2003（2009 年版）明确指出小区的室外给水系统，应尽量利用城镇给水管网的水压直接供水。

相关规范有关居住建筑套内分户用水点及入户管的供水压力规定如下：

（1）《建筑给水排水设计规范》GBJ 15—1988（1997 年版）及《给水排水设计手册》（第二、三版）第 2 册《建筑给水排水》

竖向分区应根据使用要求、材料设备性能、维护管理条件、层数和高度以及外管网给水水压等因素合理确定。一般分区最低处卫生洁具配水点处的静水压（依手册为准）宜控制在：

1）居住建筑：不应大于 0.35MPa；

2）旅馆、饭店、公寓、医院等及其类似的建筑：0.30~0.35MPa；

3）办公楼、教学楼、商业楼等：0.35~0.45MPa。

若静水压超过以上数据时，宜采取减压限流措施。

（2）《建筑给水排水设计规范》GB 50015—2003

1）《建筑给水排水设计规范》GB 50015—2003

① 3.3.4 卫生器具给水配件承受的最大工作压力，不得大于0.60MPa。

② 3.3.5 高层建筑生活给水系统应竖向分区，竖向分区应符合下列要求：

a. 各分区最低卫生器具配水点处的静水压[1]不宜大于0.45MPa，特殊情况下不宜大于0.55MPa；

b. 水压大于0.35MPa的入户管（或配水横管），宜设减压或调压设施；

c. 各分区最不利配水点的水压，应满足用水水压要求；

d. 条文说明：竖向分区的最佳使用水压宜为0.20~0.30MPa，各分区顶层住宅入户管的进口水压不宜小于0.10MPa。而对水压大于0.35MPa的入户管，宜设减压或调压设施。

从节水、噪声控制和使用舒适考虑，入户管给水压力应控制在0.35MPa以内。

2）《建筑给水排水设计规范》GB 50015—2003（2009年版）

① 3.3.4 卫生器具给水配件承受的最大工作压力，不得大于0.60MPa。

② 3.3.5 高层建筑生活给水系统应竖向分区，竖向分区压力应符合下列要求：

a. 各分区最低卫生器具配水点处的静水压不宜大于0.45MPa；

b. 水压大于0.35MPa的入户管（或配水横管），宜设减压或调压设施；

c. 各分区最不利配水点的水压，应满足用水水压要求。

③ 3.3.5A 居住建筑入户管给水压力不应大于0.35MPa。

（3）《住宅设计规范》GB 50096—1999与《住宅建筑规范》GB 50368—2005，在住宅设计中同样应当遵守。

1）《住宅设计规范》GB 50096—1999（2003年版）

① 6.1.3 住宅室内给水系统最低配水点的静水压力，宜为0.3~0.35MPa，大于0.4MPa时，应采取竖向分区或减压措施。

② 6.1.2 套内分户水表前的给水静水压力不应小于0.05MPa，当不能达到时，应设置系统增压给水设备。

2）《住宅设计规范》GB 50096—2011

① 8.2.2 入户管的供水压力不应大于0.35MPa。

② 8.2.3 套内用水点供水压力不宜大于0.20MPa，且不应小于用水器具要求的最低压力。

③ 条文说明：入户管供水压力的最大限值规定为0.35MPa为强制性条文，与《住宅建筑规范》GB 50368—2005一致，并严于《建筑给水排水设计规范》GB 50015—2003（2009年版）的相关规定；推荐用水器具规定的最低压力不宜大于0.20MPa，与已经报批的《民用建筑节水设计标准》一致；提出用水器具最低压力的要求，是为了确保居民正常用水，可根据《建筑给水排水设计规范》GB 50015—2003（2009年版）提供的卫生器具最低工作压力确定。

注：①在水力学中，把静止液体对相邻接触面所作用的压力称为静水压力（或静水压）。静水压力也就是水静止的压力。

3）《住宅建筑规范》GB 50368—2005

① 8.2.2 生活给水系统应充分利用城镇给水管网的水压直接供水。

② 8.2.4 套内分户用水点的给水压力不应小于 0.05MPa；入户管给水压力不应大于 0.35MPa。

（4）结语

1）卫生器具给水配件适合使用的压力

① 最低工作压力，详见表 4-8；

② 能够承受的最大工作压力，不得大于 0.60MPa。

2）居住建筑入户管的供水压力

入户管的供水压力不应大于 0.35MPa，供水压力大于 0.35MPa 的入户管（或配水横管），宜设减压或调压设施。

3）竖向分区时的压力要求

① 各分区最不利配水点的水压，应满足用水水压要求，其入户管的进口水压不宜小于 0.10MPa，也不应大于 0.35MPa，否则宜设减压或调压设施；

② 各分区的最佳使用水压宜为 0.20～0.30MPa；

③ 各分区最低卫生器具配水点处的静水压[①]不宜大于 0.45MPa，特殊情况下不宜大于 0.55MPa；

④ 套内[②]用水点供水压力不宜大于 0.20MPa，且不应小于用水器具要求的最低工作压力。

> 注：① 一般分区最低处卫生洁具配水点处的静水压宜控制在：
>
> 　　居住建筑：不应大于 0.35MPa；
>
> 　　旅馆、饭店、公寓、医院等及其类似的建筑：0.30～0.35MPa；
>
> 　　办公楼、教学楼、商业楼等：0.35～0.45MPa。
>
> 　　若静水压超过以上数据时，宜采取减压限流措施。
>
> ② 套内（即套型内）指居住空间和厨房、卫生间等共同组成的基本住宅单位。

4.7 居住小区给水管道布置与敷设

依据现行设计规范及设计手册的有关规定，小区给水管道布置与敷设基本要求如下：

（1）居住小区供水管网应布置成环状或与城镇给水管道连成环状管网，居住人口规模 1000～3000 人的居住组团经有关部门批准方可采用枝状供水方案；小区支管和接户管可布置成枝状。环状给水管网与城镇给水管的连接管不宜少于两条。

（2）小区干管宜沿用水量较大的地段布置，以最短距离向大用水户供水。

（3）管道布置时污水管应尽量远离生活用水管，以防生活用水被其污染；金属管不宜靠近直流电力电缆，以免增加金属管的腐蚀。

（4）小区给水管道宜与道路中心线或主要建筑物平行敷设，并尽量减少与其他管道的交叉。宜尽量敷设在人行道、慢车道或草地下，但不宜布置在底层住户的庭院内，以便于检修和减少对道路交通的影响。架空管道不得影响运输、人行交通及建筑物的自然采光。

（5）给水管道与建（构）筑物、铁路以及其他工程管道的最小水平净距，应根据建

（构）筑物基础、路面种类、卫生安全、管道埋深、管径、管材、施工方法、管道设计压力、管道附属构筑物的大小等按表4-9的规定确定。

给水管与其他管线及建（构）筑物之间的最小水平净距 表4-9

序号	建（构）筑物或管线名称			与给水管线的最小水平净距（m）	
				$D{\leqslant}200mm$	$D{>}200mm$
1	建筑物			1.0	3.0
2	污水、雨水排水管线			1.0	1.5
3	燃气管线	中低压	$P{\leqslant}0.4MPa$	0.5	
		高压	$0.4MPa{<}P{\leqslant}0.8MPa$	1.0	
			$0.8MPa{<}P{\leqslant}1.6MPa$	1.5	
4	热力管线			1.5	
5	电力电缆			0.5	
6	电信电缆			1.0	
7	乔木（中心）			1.5	
8	灌木				
9	地上杆柱	通信照明及<10kV		0.5	
		高压铁塔基础边		3.0	
10	道路侧石边缘			1.5	
11	铁路钢轨（或坡脚）			5.0	

注：1. 净距指管外壁距离，直埋式热力管道指保温管壳外壁距离。
  2. 给水管与建筑物基础的水平净距：管径100～150mm时，不宜小于1.5m；
  管径50～75mm时，不宜小于2.5m。
  3. 电力电缆在道路的东侧（南北方向的路）或南侧（东西方向的路）；通信电缆在道路的西侧或北侧。一般均在人行道下。
  4. 本表摘录于：《给水排水设计手册（第2册）建筑给水排水（第三版）》。

（6）给水管与其他管线最小垂直净距见表4-10。

给水管与其他管线最小垂直净距 表4-10

序号	管线名称		与给水管线的最小垂直净距（m）
1	给水管线		0.15
2	污水、雨水排水管线		0.40
3	热力管线		0.15
4	燃气管线		0.15
5	电信管线	直埋	0.50
		管块	0.15
6	电力管线	直埋	0.50
		管块	0.25
7	沟渠（基础底）		0.50
8	涵洞（基础底）		0.15
9	电车（轨底）		1.00
10	铁路（轨底）		1.00

注：1. 净距指管外壁距离，管道交叉设套管时指套管外壁距离。
  2. 直埋式热力管道指保温管壳外壁距离。
  3. 本表摘录于：《给水排水设计手册（第2册）建筑给水排水（第三版）》。

（7）室外给水管道与污水管道平行或交叉敷设时，一般按下列规定设计。

1）平行敷设

① 给水管在污水管的侧上面 0.5m 以内：

当给水管管径≤200mm 时，管外壁的水平净距不得小于 1.0m；

当给水管管径＞200mm 时，管外壁的水平净距不宜小于 1.5m。

② 给水管在污水管的侧下面 0.5m 以内时，管外壁的水平净距应根据土壤的渗水性确定，一般不宜小于 3.0m，在狭窄地方可减少至 1.5m。

2）交叉敷设

① 给水管道应敷设在上面，且不应有接口重叠。

② 当给水管道敷设在下面时，应采用钢管或钢套管，钢套管伸出交叉管的长度，每端不得小于 3m，钢套管的两端应采用防水材料封闭。

注：当采用硬聚氯乙烯（PVC—U）给水管输送生活饮用水时，不得敷设在雨、污水管道下面。

（8）各种管道的平面排列及标高设计相互发生冲突时，应按下列原则处理：

1）小管径管道让大管径管道。

2）可弯管道让不可弯管道。

3）新设管道让已建管道。

4）压力管道让自流管道。

5）临时性管道让永久性管道。

（9）室外给水管道的埋设深度，应根据土壤冰冻深度、地面荷载、管材强度及管道交叉等因素确定，一般应满足下列要求：

1）管道不被震动或压坏。

2）管内水流不被冰冻或增高温度。

当埋设在非冰冻地区：

若在机动车道路下，一般情况金属管道覆土厚度不小于 0.7m；非金属管道覆土厚度不小于 1.0m。

若在非机动车道路下或道路边缘地下，金属管道覆土厚度不宜小于 0.3m；塑料管道覆土厚度不宜小于 0.7m。

当埋设在冰冻地区：

在满足上述要求的前提下，其管道底埋深可在冰冻线下距离：非金属管道及金属管道管径≤300mm 时，为 $D+200mm$；管顶最小覆土深度不得小于土壤冰冻线以下 0.15m。

（10）小区给水管道一般宜直接敷设在未经扰动的原状土层上。若小区地基土质较差或地基为岩石地区，管道可采用砂垫层，其厚度金属管道不小于 100mm，塑料管道不小于 150mm，并应铺平夯实；若小区地基土质松软，应做混凝土基础，如果有流砂或淤泥，则应采取相应的施工措施和基础土壤的加固措施后再做混凝土基础。

（11）居住区管道平面排列时，应按从建筑物向道路和由浅至深的顺序安排，一般常用的管道顺序如下：

1）通信电缆或电力电缆；

2）煤气、天然气管道；

3）污水管道；

4）给水管道；

5）热力管沟；

6）雨水管道。

注：以上所指管道均为公用管道非进出户管。

（12）敷设在管沟内的给水管道与各种管道之间的净距，应满足安装、操作的需要且不宜小于0.3m。给水管道应在热水、热力管道的下方以及冷冻管、排水管的上方（管沟内的冷冻管和热水管、蒸汽管等热力管必须保温）。

生活给水管不宜与输送易燃、可燃或有害的液体或气体的管道同管廊（沟）敷设。

4.8 水泵基础尺寸

水泵基础设计必须安全稳固，标高、尺寸准确无误，以保证水泵安全运行，安装维修方便。其形式分为带有共用底盘（小型水泵）和无共用底盘（大、中型水泵）两种。

（1）带有共用底盘的小型水泵

1）基础尺寸

基础长度 L＝底盘长度 L_1＋(0.20～0.30)，m；

基础宽度 B＝底盘螺孔间距（取其宽者）B_1＋0.30，m；

基础高度 H＝底盘地脚螺栓埋入长度＋(0.10～0.15)，m。

2）图示举例

图示水泵选自《消防专用水泵选用及安装》（04S204），系卧式单级双吸消防泵。型号为XBD8.8/45-125SS82，流量162m³/h～45L/s，功率75kW，底座平面图（外形尺寸）及基础平、剖面图见图4-1～图4-3。

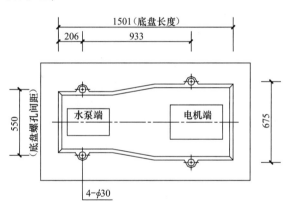

图 4-1 底座平面图

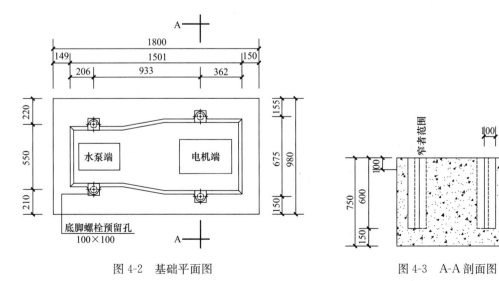

图 4-2 基础平面图

图 4-3 A-A剖面图

（2）无共用底盘（即泵本身带底盘而电机直落基础）的大、中型水泵

1）基础尺寸

基础长度 L＝水泵和电机最外端螺孔间距 L_1＋（0.40～0.60）并长于电机总长，m；

基础宽度 B＝水泵和电机最外端螺孔间距（取其宽者）B_1＋（0.40～0.60），m；

基础高度 H＝地脚螺栓埋入长度＋（0.10～0.15），m。

2）现行《给水排水设计手册》（第三版）第11册《常用设备》，泵本身带底盘的相关大、中型[1]泵参见表4-11第4列。

注：[1]表列泵功率均≥110kW，但据有关资料推荐，如果功率超过200kW还是不带共用底盘好。基础的作用是支撑并固定机组，使其运行平稳而不致发生剧烈震动。对于小泵，水泵和电机带共用底盘安装，好在少了找平等很多麻烦事。而大、中型泵电机和水泵的震动都挺大，容易对设备的稳定性造成影响，应该泵带底盘电机直落基础。

各种类型泵的参数

表 4-11

泵 类别	泵型号	带共用底盘 泵级数—功率（kW）	泵本身带底盘 泵级数—功率（kW）
1	2	3	4
卧式多级 离心清水泵	MD85-45	9—160	9—160
	MD85-67	2～9—75～250	6～9—160～250
	MD155-30	2～10—55～220	7～10—160～220
	MD280-43	2～9—110～450	3～9—160～450
	MD280-65	2～10—200～900	2～10—200～900
	D、MD155-67	2～9—90～450	4～9—185～450
	D、MD360-40	2～5—132～315	2～5—132～315
	D、MD450-60	2～10—250～1120	2～10—250～1120
中低压锅炉 给水清水泵	DG85-67		6～9—160～250
	DG155-67		4～9—185～450
卧式多级 离心消防泵	XBD14.4～20.4/50-150	7～9—110～160	7～9—110～160
	XBD9.5～23.1/75-W200		110～280

3）图示举例

图示水泵系网络下载的长沙宏力水泵制造有限公司生产的D型卧式多级离心清水泵。型号为D280-65×3，流量280m³/h～77.8L/s，功率280kW，属于大、中型水泵。泵本身带底盘，电机直落基础（电机端与水泵端落差为 $H-H_2$＝530m－355m＝175m），按厂家提供的相关数据，产品底部外型安装尺寸及基础平、剖面图见图4-4～图4-6。

（3）基础的质量应大于水泵和电机总质量的2.5～4.5倍，基础高一般不小于0.50～0.70m。基础一般采用C15混凝土浇筑，预留孔待地脚螺栓埋入后用C20细石混凝土填灌固结。值得注意的是：应在水泵到货后查看水泵螺孔是否与图纸一致，核对无误后浇灌。

（4）地脚螺栓埋入基础长度大于20倍螺栓直径，螺栓叉尾（即螺栓钩）长大于4倍螺栓直径。地脚螺栓预留孔尺寸一般为100mm×100mm或150mm×150mm。

（5）基础顶面应高出泵房（站）地面0.10m以上。泵房内管道外底距地面或管沟底面的距离：当管径小于等于150mm时，不应小于0.20m；当管径大于等于200mm时，不应小于0.25m。

（6）基础长、宽、高取值时数值力争圆整至整数。长度方向底盘长度或水泵和电机最外端螺孔间距两侧和宽度方向底盘螺孔间距两侧的数值可互相调整。

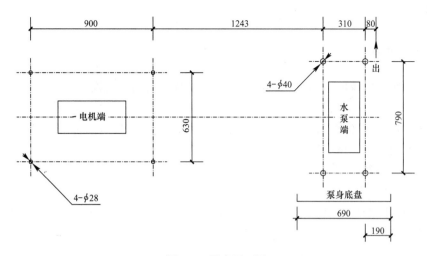

图 4-4 泵底平面图

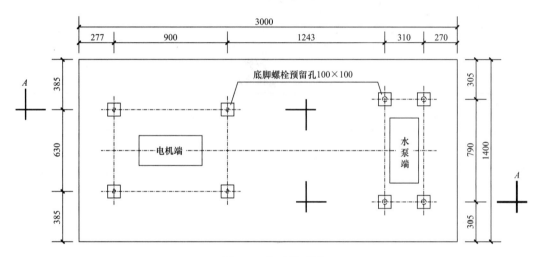

图 4-5 基础平面图

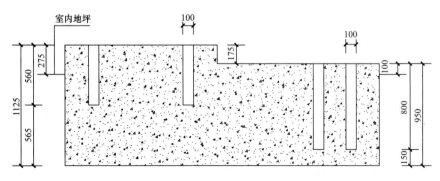

图 4-6 A-A 剖面图

（7）由于水泵、电机设备经常更新变动，各厂家产品规格、外型尺寸也不完全统一。因此在施工图设计阶段，当按现行《给水排水设计手册》（第三版）第 11 册《常用设备》提供的数据绘制施工图时，应在获得厂家提交的相关水泵性能和安装尺寸等资料后成图。或由于设计周期关系，只能按手册数据成图并提供给甲方，那也应在设计说明中予以交代。

4.9　泵房布置要求

一般泵房包括水泵间、配电间和辅助用房。小型泵房的配电间、控制室和值班室可以合并。

机组的布置和通道宽度，应满足设备运行、维护、安装和检修的要求。机组宜采用单行排列（即纵向单排和横向单排）。

（1）水泵机组基础之间通道宽度

1）电机容量小于 20kW 或吸水管管径不大于 100mm 时，泵基础的一侧可与墙面不留通道，而且两台同型号泵可共用一个基础彼此不留通道，但该基础的另一侧与墙面（或别的机组基础的侧边）之间应有不小于 0.7m 的通道；不留通道机组的突出部分与墙面的净距或同该基础相邻的两个机组的突出部分间的净距不小于 0.2m。

2）电机容量 20～55kW 时，基础间距不小于 0.8m。

3）电机容量大于 55kW 时，基础间距不小于 1.2m。

（2）水泵机组外轮廓面与墙和相邻机组间的间距如表 4-12 所示。

水泵机组外轮廓面与墙和相邻机组间的间距　　　　　表 4-12

电动机额定功率 （kW）	水泵机组外轮廓面与墙面之间 最小间距（m）	相邻水泵机组外轮廓面之间 最小距离（m）
≤22	0.8	0.4
>22～<55	1.0	0.8
≥55～≤160	1.2	1.2

注：1. 水泵侧面有管道时，外轮廓面计至管道外壁面。
　　2. 水泵机组是指水泵与电动机的联合体，或已安装在金属座架上的多台水泵组合体。

（3）水泵机组的基础端头之间或至墙面的净距应保证泵轴和电机转子的拆卸，一般不小于 1.0m。

（4）泵房内宜有检修水泵的场地；若考虑就地检修时每个机组一侧应留有大于水泵机组宽度 0.5m 的通道；设专用检修场地时，宜按水泵或电机外型尺寸决定，并应在四周设有不小于 0.7m 的通道。

（5）泵房的主要通道宽度不得小于 1.2m。

（6）泵房的耐火等级不应低于二级，火灾危险性应属丁、戊类。泵房应有让最大一台设备进出的门或洞。消防泵房应设有直通室外的出口。

（7）泵房配电间、值班室及辅助用房的采暖温度，一般可按 16～18℃ 设计；当水泵间无需人值班时可取 5～8℃；有人巡回值班时，可适当提高采暖温度。

泵房应充分利用自然通风；采用换气通风时，其换气次数不小于 6 次/h。

（8）泵房内起重设备：

起重量小于 0.5t 时，可设固定吊钩或移动吊架；

起重量 0.5～2.0t 时，可设置手动起重设备；

起重量大于 2.0t 时，设置电动起重设备。

（9）泵房内靠墙安装的落地式配电柜和控制柜，前面通道宽度不宜小于 1.5m；挂墙式配电柜和控制柜，前面通道宽度不宜小于1.0m。

4.10　泵站分类

（1）依据：现行《泵站设计规范》GB 50265—2010中1.0.2条文说明指出：本规范适用范围主要是大、中型泵站，将泵站类型统一为供、排水两类。对于供水泵站，除原规范提到的灌溉、工业及城镇供水泵站外，还应包括跨流域调水水源工程和农村集中供水泵站。

（2）泵站等别指标按表4-13确定。

1）泵站的功能是提水，单位时间的提水量（即设计流量）直接体现了泵站的规模，应为划分等级的主要指标。

2）泵站是利用动力进行提水，装机功率大小表征动力消耗量多少（即泵站的装机功率大小），同时还表示提水扬程的高低，因此装机功率也是泵站等别的重要指标。

泵站等别指标　　　　　　　　　　　　　　　　　　　　　表4-13

泵站等别	泵站规模	灌溉、排水泵站		工业、城镇供水泵站
		设计流量（m^3/s或m^3/h）	装机功率（MW或kW）	
Ⅰ	大（1）型	≥200或≥720000	≥30或≥30000	特别重要
Ⅱ	大（2）型	200～50或720000～180000	30～10或30000～10000	重要
Ⅲ	中型	50～10或180000～36000	10～1或10000～1000	中等
Ⅳ	小（1）型	10～2或36000～7200	1～0.1或1000～100	一般
Ⅴ	小（2）型	<2或<7200	<0.1或<100	

注：1. 本表摘自《泵站设计规范》GB 50265—2010表2.1.2。
　　2. 装机功率系指单站指标，包括备用机组在内。
　　3. 由多级或多座泵站联合组成的泵站工程的等别，可按其整个系统的分等指标确定。
　　4. 当泵站按分等指标分属两个不同等别时，应以其中的高等别为准。

4.11　水箱设置要求

依据《给水排水设计手册》（第二、三版）第2册《建筑给水排水》：

（1）非钢筋混凝土水箱应放置在混凝土、砖的支墩或槽钢（工字钢）上，其间宜垫石棉橡胶板、塑料板等绝缘材料。支墩高度不宜小于600mm，以便管道安装和检修。

（2）水箱间应满足水箱的布置和加压、消毒要求，见表4-14。

水箱布置间距（m）　　　　　　　　　　　　　　　　　　表4-14

水箱形式	水箱外壁至墙面的距离		水箱之间的距离	水箱顶至建筑结构最低点的距离
	设浮球阀一侧	无浮球阀一侧		
圆形	0.8	0.5	0.7	0.6
方形或矩形	1.0	0.7	0.7	0.6

注：在水箱旁装有管道时，表中距离应从管道外表面算起。

（3）供生活饮用水的水箱应设密封箱盖，箱盖上应设检修人孔和通气管。检修人孔一般宜为ϕ800～1000mm，最小不得小于600mm。水箱的通气管管径一般宜为100～150mm。

（4）水箱应设人孔密封盖，并设污染防护措施。水箱出水若为生活饮用水时，应加设二次消毒设施，并应在水箱间留有该设备放置和检修的位置。

（5）贮存生活饮用水时，水箱材质、衬砌材料和内壁涂料，不得影响水质。

4.12　生活用水调节容量的经验取值

（1）贮水池

建筑内生活用水贮水池，宜按建筑物最高日用水量的 20%～25%确定；居住小区贮水池，可按小区最高日生活用水量的 15%～20%确定。

（2）水塔和高位水箱（池）

1）建筑内

① 水泵自动运行时，宜按水箱供水区域内的最大小时用水量的 50%计算；

② 水泵人工操作时，可按不小于最高日用水量的 12%计算。

2）居住小区生活用水的调蓄贮水量无资料时可按表 4-15 确定。

水塔和高位水箱（池）生活用水的调蓄贮水量　　　　　表 4-15

居住小区最高日用水量（m³）	<100	101～300	301～500	501～1000	1001～2000	2001～4000
调蓄贮水量占最高日用水量的百分数	30%～20%	20%～15%	15%～12%	12%～8%	8%～6%	6%～4%

4.13　水箱设置高度

水箱的设置高度，应使其最低水位的标高满足最不利配水点流出水头[①]或消火栓、自动喷水喷头出口工作压力[②]的要求，按下式计算：

$$Z_x \geqslant Z_b + H_c + H_s$$

式中　Z_x——高位水箱最低水位的标高，m；

Z_b——最不利配水点的标高，m；

H_c——最不利配水点需要的流出水头或工作压力，m；

H_s——水箱出口至最不利配水点总水头损失，m。

注：①最不利配水点流出水头参见本章表 4-6；

② 消火栓、自动喷水喷头出口工作压力——a. 按原《高层民用建筑设计防火规范》（GB 50045—95）7.4.7.2，高位消防水箱的设置高度应保证最不利点消火栓静水压力。当建筑高度不超过 100m 时，高层建筑最不利点消火栓静水压力不应低于 0.07MPa；当建筑高度超过 100m 时，高层建筑最不利点消火栓静水压力不应低于 0.15MPa。当高位消防水箱不能满足上述静压要求时，应设增压设施。b. 按原《建筑设计防火规范》GB 50016—2014 8.4.3 "9"，…；静水压力大于 1.0MPa 时，应采用分区给水系统；按《自动喷水灭火系统设计规范》GB 50084—2001 第 5.0.1 条中"注"，参照英国、德国、美国等国的规范，最不利点处（自动喷水）喷头的工作压力不应低于 0.05MPa，其他细节详见规范。

4.14　水位信号装置

依据现行《给水排水设计手册》（第三版）第 2 册《建筑给水排水》：一般应在水箱侧壁上安装玻璃液位计，用以就地指示水位。若水箱（池）液位与水泵连锁，则应在水箱（池）内设液位计。由同版第 8 册《电气与自控》得知，常用的液位检测仪表按测量液位的原理与方法，目前常用的有电容式、静压式、超声波式、导波雷达式等液位计[①]。本书仅就工程习惯采用的投入式和浮球式两款液位计略作简介。

1. 投入式液位计

投入式液位计又称静压式液位计，即液位传感器。分为一体式、分体式两种结构。

（1）一体式与分体式的区别如图4-7～图4-9所示。

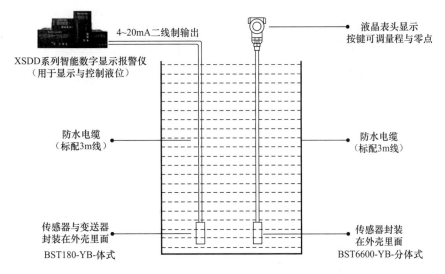

图 4-7　投入式液位计安装示意图

图 4-8　BST180-YB 一体式

图 4-9　BST6600-TB 分体式

二者的传感器皆投入水中。BST6600-TB 分体式液位计的变送器部分可用法兰或支架固定；BST180-YB 一体式液位计通过放大电路直接变送出 4-20mA 至数字显示仪表，无需任何安装支架。

（2）投入式液位计作用原理：基于所测液体静压与该液体高度成正比的原理，采用扩散硅或陶瓷敏感元件的压阻效应，将静压转换成电信号。经过温度补偿和线性校正，转换成 4-20mA 标准电流信号输出。对于测量水箱（池）水位变化，同时输出信号控制相关水泵、电磁阀、电铃等，投入式液位计是最好的选择。其测量精确、价格低廉、经久耐用。

2. 浮球式液位计

浮球式液位计主要由磁浮球、传感器、变送器三部分组成。具有结构简单、调试方便、可靠性好、精度高等特点。

（1）浮球式液位计安装见图4-10。

（2）浮球式液位计作用原理：当磁浮球随液位变化、沿导管上下浮动时，浮球内的磁钢吸合传感器内相应位置上的干簧管，使传感器的总电阻（或电压）发生变化，再由变送器将变化后的电阻（或电压）信号转换成 4-20mA 的电流信号输出，远传供给控制室可实现液位的自动检测、控制。

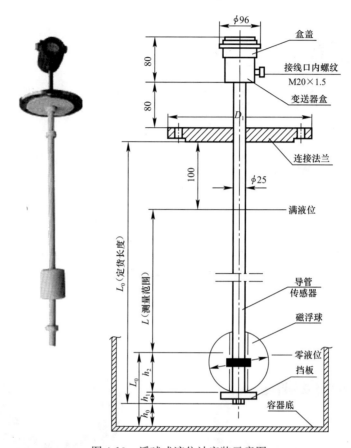

图 4-10　浮球式液位计安装示意图

注：①液位计生产厂家/公司：

A. 同时生产投入式和浮球式液位计的厂家/公司

- 北京市平谷区—北京中西远大科技有限公司（已认证）。
- 上海市嘉定区—上海佑富实业有限公司（已认证）。
- 江苏省泰州市—兴化市腾飞电热仪表厂（已认证）。
- 江苏省金湖县—江苏华尔瑞仪表有限公司（已认证）。
- 浙江省乐清市—乐清市精深仪表有限公司（已认证）。
- 河南省新乡市—河南省新乡市启东工业有限公司（已认证）。
- 广东省广州市—广州精倍测控技术有限公司（已认证）。
- 广东省深圳市—深圳泰瑞特科技有限公司（已认证）。

B. 只生产投入式液位计的厂家/公司

- 北京市海淀区—北京天星盛世科技有限公司（已认证）。
- 北京市海淀区—北京华世天利工控科技中心（已认证）。
- 北京市大兴区—北京天宇恒创传感技术有限公司（已认证）。
- 北京市大兴区—北京华威博实传感技术有限公司（已认证）。

- 北京市朝阳区—北京飞斯富睿科技有限公司（已认证）。
- 上海市闵行区—上海科旗自动化仪表有限公司（已认证）。
- 上海市闵行区—上海星沪电子科技有限公司（已认证）。
- 上海市宝山区—上海沪振电气制造有限公司（已认证）。
- 上海市松江区—上海天问测控设备有限公司（已认证）。
- 上海市奉贤区—上海雅鸿自控设备有限公司（已认证）。
- 天津市滨海区—天津宇创屹鑫科技有限公司（已认证）。
- 天津市南开区—天津市凯士达仪器仪表有限公司（已认证）。
- 天津市红桥区—天津鼎拓科技有限公司（已认证）。
- 天津市河西区—天津市津武仪器仪表有限公司（已认证）。
- 天津市北辰区—天津嘉诺德科贸有限公司（已认证）。
- 河北省承德市—承德奥尼自控仪表有限公司（已认证）。
- 山西省太原市—山西华涵自控仪表有限公司（已认证）。
- 陕西省西安市—西安新敏电子科技有限公司（已认证）。
- 陕西省西安市—西安安森智能仪器有限公司（已认证）。
- 陕西省西安市—蓝田县恒远水电设备有限公司（已认证）。
- 陕西省西安市—张五旗（西安永红传感器有限公司）（已认证）。
- 陕西省宝鸡市—宝鸡恒通电子有限公司（已认证）。
- 山东省青岛市—青岛佰利鑫自动化仪表有限公司（已认证）。
- 山东省青岛市—青岛福瑞斯特自动化科技有限公司（已认证）。
- 山东省青岛市—青岛鑫博仪器仪表有限公司（已认证）。
- 山东省淄博市—山东福瑞德测控系统有限公司（已认证）。
- 山东省烟台市—烟台东科仪表有限公司（已认证）。
- 山东省烟台市—烟台开发区奥特仪表制造有限公司（已认证）。
- 山东省济宁市—济宁鸿辰自动化控制有限公司（已认证）。
- 江苏省泰州市—泰州市华信仪表有限公司（已认证）。
- 江苏省泰州市—泰兴市双隆电器有限公司（已认证）。
- 江苏省金湖县—江苏美科仪表有限公司（已认证）。
- 江苏省金湖县—淮安特瑞仕测控仪表有限公司（已认证）。
- 江苏省金湖县—金湖通科仪表有限公司（已认证）。
- 江苏省金湖县—金湖虹润仪表有限公司（已认证）。
- 江苏省金湖县—长征仪表（金湖）有限公司（已认证）。
- 江苏省淮安市—淮安润中仪表科技有限公司（已认证）。
- 江苏省淮安市—江苏华夏仪表有限公司（已认证）。
- 江苏省昆山市—昆山皇昌自动化仪表有限公司（已认证）。
- 江苏省东台市—盐城欧佰自动化科技有限公司（已认证）。
- 江苏省苏州市—潘华晶（东台市宇之轩通用仪器仪表厂）（已认证）。
- 江苏省兴化市—兴化市精工自动化仪表厂（已认证）。
- 江苏省太仓市—太仓嘉宝仪器仪表有限公司（已认证）。
- 安徽省合肥市—安徽电子科学研究所（已认证）。
- 安徽省合肥市—合肥聚林仪器仪表有限公司（已认证）。
- 安徽省合肥市—天长市金秀仪表有限公司（已认证）。
- 安徽省天长市—安徽华光仪表线缆有限公司（已认证）。

- 安徽省滁州市—天长市金秀仪表有限公司（已认证）。
- 安徽省蚌埠市—蚌埠市长达力敏仪器有限责任公司（已认证）。
- 安徽省蚌埠市—蚌埠传感器系统工程有限公司（已认证）。
- 浙江省杭州市—杭州烨立科技有限公司（已认证）。
- 浙江省杭州市—杭州拓胜自动化仪表有限公司（已认证）。
- 浙江省绍兴市—绍兴中仪电子有限公司（已认证）。
- 浙江省宁波市—余姚市环工自动化仪表厂（已认证）。
- 浙江省乐清市—乐清市民达仪器仪表有限公司（已认证）。
- 浙江省乐清市—乐清市利民仪表有限公司（已认证）。
- 浙江省乐清市—乐清市柳市英伟成达电器厂（已认证）。
- 浙江省乐清市—黄汉伟（上海斯菲尔仪表有限公司）（已认证）。
- 河南省郑州市—河南长润仪表有限公司（已认证）。
- 河南省新乡市—新乡市宏伟电子仪表有限公司（已认证）。
- 湖北省武汉市—武汉松野智能仪表有限公司（已认证）。
- 湖南省长沙市—长沙诺赛希斯仪器仪表有限公司（已认证）。
- 广东省广州市—广州迪川仪器仪表有限公司（已认证）。
- 广东省广州市—广州昆仑自动化设备有限公司（已认证）。
- 广东省广州市—广州西森自动化控制设备有限公司（已认证）。
- 广东省广州市—广州研宏自动化仪表有限公司（已认证）。
- 广东省广州市—广东流量计厂家液位计厂家仪器仪表制造公司（已认证）。
- 广东省江门市—江门市盛派克测控设备有限公司（已认证）。
- 广东省深圳市—深圳市东方万和仪表有限公司（已认证）。
- 广东省深圳市—深圳市赛优控科技有限公司（已认证）。
- 广东省深圳市—深圳市柯玛斯科技有限公司（已认证）。

C. 只生产浮球式液位计的厂家/公司

- 北京市昌平区—北京诺盈佳业科技发展有限公司（已认证）。
- 上海市宝山区—上海宝候实业有限公司（已认证）。
- 上海市嘉定区—上海昆晖自动化仪表有限公司（已认证）。
- 上海市奉贤区—上海复协电子科技有限公司（已认证）。
- 上海市浦东新区—上海权柯阀门有限公司（已认证）。
- 天津市河东区—天津市河东区宏晨开关电器制品厂（已认证）。
- 河北省承德市—承德万科自动化设备有限公司（已认证）。
- 山东省烟台市—烟台铭科电子科技有限公司（已认证）。
- 江苏省常州市—常州市良邦仪器仪表有限公司（已认证）。
- 江苏省泰州市—兴化市仪华测控仪表有限公司（已认证）。
- 江苏省张家港市—苏州雷宁自动化仪表有限公司（已认证）。
- 江苏省海安县—南通中苏仪器仪表有限公司（已认证）。
- 江苏省金湖县—金湖杰森自动化仪表有限公司（已认证）。
- 江苏省金湖县—金湖宏程自动化仪表有限公司（已认证）。
- 江苏省金湖县—江苏爱克特仪表有限公司（已认证）。
- 江苏省金湖县—江苏联泰仪表有限公司（已认证）。
- 浙江省永嘉县—永嘉县南化仪表厂（已认证）。
- 浙江省永嘉县—永嘉维德阀门制造有限公司（已认证）。

- 河南省开封市—开封恒天自动化仪器仪表有限公司（已认证）。
- 河南省新乡市—新乡市恒冠仪表有限公司（已认证）。
- 广东省广州市—广州霄翰仪器有限公司（已认证）。
- 广东省东莞市—东莞市福恩电子有限公司（已认证）。

4.15 水表设置

（1）水表设置条件

设置水表的目的在于计算水量，节制用水，同时还有在生产上核算成本的作用。

按国家现行《建筑给水排水设计规范》GB 50015—2003（2009 年版）的要求，下列给水管上均应设置水表：

1）小区的引入管，居住建筑和公共建筑的引入管。

2）住宅和公寓的进户管。

3）综合建筑的不同功能分区（如商场、饭店、餐饮等）或不同用户的进水管。

4）浇洒道路、洗车及绿化等用水的配水管。

5）必须计量的用水设备（如锅炉、水加热器、冷却塔、游泳池、喷水池及中水系统等）的进水管或补水管。

6）收费标准不同时应分设水表。

（2）水表类型及常用水表型号组成

1）水表类型见表 4-16。

2）常用水表型号组成见图 4-11。

（3）水表分类及型号含义见表 4-17。

（4）水表技术特性和适用范围

常用水表的技术特性和适用范围见表 4-18。

水　表　类　型　　　　　　　　　　　　　　　　表 4-16

按工作原理分为	速度式水表	旋翼式水表	单流束水表
			多流束水表
		螺翼式水表	水平螺翼式水表
			垂直螺翼式水表
		复式水表	
		正逆流水表	
	容积式活塞水表		
按介质温度分为	冷水水表（0～30℃）		
	热水水表（30～90℃）		
按安装方式分为	水平安装水表		
	立式安装水表（又称立式表）		
按计数器是否浸入水中分为	湿式水表		
	干式水表		
	液封式水表		
按计数器读数显示方式分为	指针式水表		
	字轮式水表		
	指针字轮组合式水表		

	A级表
按计量等级分为	B级表
	C级表
	D级表
按公称直径分为	小口径水表（≤40mm）
	大口径水表（≥50mm）
按介质压力分为	普通水表（1MPa）
	高压水表（>1MPa）
按用途通常分为	民用水表
	工业用水表
新款水表	电子远传式水表	
	预付费类水表	IC卡式水表
		TM卡式水表
		代码数据交换式水表
		定量水表

注：1. 旋翼式水表适用于小口径管道的单向水流总量的计量，如用于15mm、20mm规格管道的家庭用水量计量；国内工业用水表绝大部分都是水平螺翼式水表，故水平螺翼式水表多用于计量大口径大流量管道的水流总量，特别适合于供水主管道和大型厂矿用水计量的需要。

2. 行业中常把指针式水表称为C型表，把字轮式和指针字轮组合式水表称为E型表。

3. 电子远传式水表通常是以普通水表作为基表、加装了远传输出装置的水表；预付费类水表同样以普通水表作为基表、加装了控制器和电控阀所组成的一种具有预置功能的水表。

4. 旋翼式水表的计量等级一般只达到A级和B级；水平螺翼式水表的计量等级一般为A级和B级；容积式水表计量等级较高，一般可达到C级和D级。

5. 水表的压力损失：旋翼式水表过载流量下应不超过0.1MPa，不装过滤器时实际压力损在0.040～0.085MPa范围内；水平螺翼式水表在其过载流量下应不超过0.03MPa；容积式水表在其过载流量下应不超过0.1MPa。

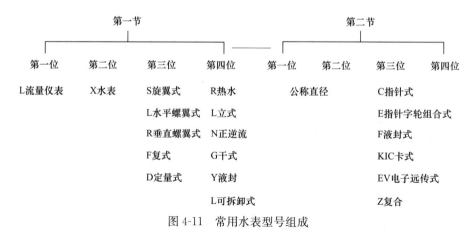

图4-11 常用水表型号组成

注：1. 末位阿拉伯数字为设计序号。

2. 第一节第三、四位系原理分类。

3. 第二节第三、四位系结构特点；当口径为3位数时公称直径含第一、二、三位。

序号	名称	口径(mm)	型号	第一节				连接号	第二节				设计序号
				第一位	第二位	第三位	第四位		第一位	第二位	第三位	第四位	
				流量仪表	水表	原理分类			公称直径	结构特点			
1	旋翼湿式冷水水表（指针式）	20	LXS-20C	L	X	S		—	20	C			
2	旋翼湿式冷水水表（字轮指针组合式）	50	LXS-50E	L	X	S			50	E			
3	旋翼干式冷水水表（字轮指针组合式）	25	LXSG-25E	L	X	S	G	—	25	E			
4	旋翼液封式冷水水表（仅字轮部分液封式）	100	LXS-100F2	L	X	S		—	100			F	2
5	旋翼复式冷水水表	100	LXS-100Z	L	X	S		—	100			Z	
6	水平螺翼式冷水水表（字轮指针组合式）	150	LXL-150E	L	X	L			150	E			
7	垂直螺翼式冷水水表（字轮指针组合式）	150	LXL-150E3	L	X	L		—	150	E			3
8	旋翼干式电子远传冷水水表（光电译码机电转换型）	20	LXSG-20EV5	L	X	S	G	—	20	EV			5
9	旋翼干式电子远传冷水水表（无线传输信号形式）	25	LXSG-25EV6	L	X	S	G	—	25	EV			6
10	智能IC卡冷水水表（基表单干簧管机电转换并射频卡形式）	25	LXS-25K3	L	X	S		—	25	K			3
11	垂直螺翼式电子远传冷水水表（并装机电转换装置）	150	LXL-150EV3	L	X	L		—	150			EV	3

常用水表的技术特性和适用范围

表 4-18

类型	介质条件			公称直径（mm）	主要技术特性	适用范围
	温度（℃）	压力（MPa）	性质			
旋翼式冷水水表	0～40	≤1.0	清洁水	15～150	最小起步流量及计量范围较小，水流阻力较大，其中干式的计数机构不受水中杂质污染，但精度较低；湿式构造简单，精度较高	适用于用水量及其逐时变化幅度小的用户，只限于计量单向水流
旋翼式热水水表	0～90	≤0.6	清洁水	15～150	仅有干式，其余同旋翼式冷水水表	适用于用水量及其逐时变化幅度小的用户，只限于计量单向水流
螺翼式冷水水表	0～40	≤1.0	清洁水	80～400	最小起步流量及计量范围较大，水流阻力小	适用于用水量大的用户，只限于计量单向水流
螺翼式热水水表	0～90	≤0.6	清洁水		最小起步流量及计量范围较大，水流阻力小	适用于用水量大的用户，只限于计量单向水流
复式水表	0～40	≤1.0	清洁水	主表50～400 副表15～40	水表由主表和副表组成，用水量小时，仅由副表计量；用水量大时，则由主表和副表同时计量	适用于用水量变化幅度大的用户，且只限于计量单向水流
正逆流水表	0～30	≤3.2	海水	50～150	可计量管内正、逆两向流量之和	主要用于计量海水的正、逆方向流量
容积式活塞水表	0～40	≤1.0	清洁水	15～20	为容积式流量仪表，精度较高，表型体积小，采用数码显示，可水平或垂直安装	适用于工矿企业及家庭计量水量，只限于计量单向水流
液晶显示远传水表	0～40	≤1.0	清洁水	15～40	具有现场读数和远程同步读数两种功能	可集中显示、储存多个用户的房号及用水量；尤其适用于多层或高层建筑
IC卡式水表	冷水水表 0.1～35 热水水表 0.1～90	≤1.0	清洁水	15～40	可对用水量进行记录和电子显示，可以按照约定对用水量自动进行控制，并且自动完成阶梯水价的水费计算，同时可以进行用水数据存储	适用于住宅用水的计量与收费工作，为预付费型水表

（5）水表选型

1）一般情况下，接管直径小于或等于 50mm 时，应选用旋翼式水表；接管直径大于 50mm 时，应选用螺翼式水表。

2）通过水表的流量变化幅度很大时，应选用复式水表。

3）宜优先选用干式水表。据《常用小型仪表及特种阀门选用安装》（01SS105）得知：在国家规定的非采暖地区，且极限最低温度低于－4℃时，室内公共部位的分户水表或毗邻西北两侧外墙的水表应采用干式水表；如采用湿式水表，则应做保温处理。

（6）水表直径的确定

1）用水量均匀的生活给水系统，如用水量相对集中的工业企业生活间、公共浴室、洗衣房、公共食堂、体育场等用水密集型的建筑物，应以设计秒流量不超过但接近水表的常用流量值确定水表直径。

2）用水量不均匀的生活给水系统，如住宅、公寓、旅馆、医院等用水疏散型的建筑物，宜按设计秒流量不超过但接近水表的过载流量来确定水表的直径。

3）新建住宅的分户水表，其直径一般宜采用20mm，当一户有多个卫生间时应按计算时的秒流量选择。

4）居住小区由于人数多、规模大，按小区引入管的设计秒流量不超过但接近水表的常用流量值确定水表直径。

5）居住小区在火灾时，除生活用水量外尚需通过消防用水量的水表，还应以生活给水的设计秒流量叠加区内一次火灾的最大消防流量进行校核，校核流量不应大于水表的过载流量。

6）水表直径宜与接口管径一致，但尚应符合当地有关部门的规定（由市政管网接入建筑红线的引入管的水表直径，有些地区由当地有关部门确定；有的需根据交纳接管直径费用的多少确定）。

（7）水表的安装

1）水表应安装在便于维修和读数，不受曝晒、冻结、污染和机械损伤的地方。

2）螺翼式水表的上游侧，应保证长度8～10倍水表公称直径的直管段，其他类型水表的前后，则应有不小于300mm的直管段。

3）旋翼式水表和垂直螺翼式水表应水平安装，水平螺翼式和容积式水表可根据实际情况确定水平、倾斜或垂直安装，垂直安装时，水流方向必须自上而下。

4）对于生活、生产、消防合用的给水系统，如只有一条引入管时，应绕水表安装旁通管。

5）水表前后和旁通管上均应装设检修阀门，水表与表后阀门间应装设泄水装置。为减少水头损失并保证表前管内水流的直线流动，表前检修阀门宜采用闸阀。住宅中的分户水表，其表后检修阀及专用泄水装置可不设。

（8）常用水表性能规格见表4-19～表4-28。

旋翼干式单流束水表性能规格　　　　　　　　　　　　　　　　表4-19

型号	公称直径（mm）	Q_3/Q_1	过载流量 Q_4（m³/h）	常用流量 Q_3（m³/h）	分介流量 Q_2（m³/h）	最小流量 Q_1（m³/h）	主要生产厂商
LXSG-13D	13	80	3.125	2.5	50.0	31.3	
LXSG-20D	20	80	5.0	4.0	80.0	50.0	宁波水表股份有限公司
LXSG-25D	25	80	7.875	6.3	126.0	78.8	
LXSG-32D	32	80	7.875	6.3	126.0	78.8	
LXSG-40D	40	80	20.0	16.0	320.0	200.0	

型号	公称直径 (mm)	Q_3/Q_1	过载流量 Q_4 (m³/h)	常用流量 Q_3 (m³/h)	分介流量 Q_2 (m³/h)	最小流量 Q_1 (m³/h)	主要生产厂商
FlostarM	40	160	20	16	0.16	0.1	埃创仪表系统 (苏州) 有限公司
	50	250	31.25	25	0.16	0.1	
	65	400	50	40	0.25	0.1	
	80	400	78.75	63	0.253	0.158	
	100	400	125	100	0.4	0.25	
	150	630	200	160	0.406	0.254	

旋翼湿式水表性能规格

表 4-20

型号	公称直径 (mm)	Q_3/Q_1	过载流量 Q_4 (m³/h)	常用流量 Q_3 (m³/h)	分介流量 Q_2 (m³/h)	最小流量 Q_1 (m³/h)	主要生产厂商
LXS-15E LXS-15C	15	80	3.125	2.5	50	31.25	宁波水表股份 有限公司
		100			40	25	
		125			32	20	
		160			25	15.625	
LXS-20E LXS-20C	20	80	5	4	80	50	
		100			64	40	
		125			51.2	32	
		160			40	25	
LXS-25E LXS-25C	25	80	7.875	6.3	126	78.75	
		100			100.8	63	
		125			80.64	50.4	
		160			63	39.375	
LXS-32E LXS-32C	32	80	7.875	6.3	126	78.75	
		100			100.8	63	
		125			80.64	50.4	
		160			63	39.375	
LXS-40E LXS-40C	40	80	20	16	320	200	
		100			256	160	
		125			80	128	
		160			160	100	
LXS-50E LXS-50C	50	80	31.25	25	500	312.5	宁波水表 股份有限公司
		100			400	250	
		125			320	200	
		160			250	156.25	
LXS-15E LXS-15C	15	100	3.125	2.5	40	25	无锡水表 有限责任公司
		80			50	31.25	
LXS-20E LXS-20C	20	100	5	4	64	40	
		80			80	50	
LXS-25E LXS-25C	25	100	7.875	6.3	100.8	63	
		80			126	78.75	
LXS-40E LXS-40C	40	100	20	16	256	160	
		80			320	200	

型号	公称直径（mm）	Q_3/Q_1	过载流量Q_4（m³/h）	常用流量Q_3（m³/h）	分介流量Q_2（m³/h）	最小流量Q_1（m³/h）	主要生产厂商
LXS-50E LXS-50C	50	100	31.25	25	400	250	无锡水表有限责任公司
		80			500	312.5	
LXS-80C LXS-80E	80	100	50	40	640	400	
		80			800	500	
LXS-100C LXS-100E	100	100	125	100	1600	1000	
		80			2000	1250	
LXS-150C LXS-150E	150	100	200	160	2560	1600	
		80			3200	2000	
LXS-15E	15	80	3.125	2.5	50	31.25	开封市盛达水表有限公司
LXS-20E	20	80	5	4.0	80	50	
LXS-25E	25	80	7.875	6.3	126	78.75	
LXS-40E	40	80	20	16	320	200	
LXS-50E	50	50	31.25	25	2000	500	
LXS-80E	80	50	50	40	3200	800	
LXS-100E	100	50	78.75	63	5040	1260	
LXS-150E	150	50	200	160	12800	3200	

旋翼液封水表性能规格

表 4-21

型号	公称直径（mm）	Q_3/Q_1	过载流量Q_4（m³/h）	常用流量Q_3（m³/h）	分介流量Q_2（m³/h）	最小流量Q_1（m³/h）	主要生产厂商
LXS-15F	15	80	3.125	2.5	50	31.25	宁波水表股份有限公司
		100			40	25	
		125			32	20	
		160			25	15.625	
LXS-20F	20	80	5	4	80	50	
		100			64	40	
		125			51.2	32	
		160			40	25	
LXS-25F	25	80	7.875	6.3	126	78.75	
		100			100.8	63	
		125			80.64	50.4	
		160			63	39.375	
LXS-32F	32	80	7.875	6.3	126	78.75	
		100			100.8	63	
		125			80.64	50.4	
		160			63	39.375	
LXS-40F	40	80	20	16	320	200	
		100			256	160	
		125			80	128	
		160			160	100	
LXS-50F	50	80	31.25	25	500	312.5	
		100			400	250	
		125			320	200	
		160			250	156.25	

型号	公称直径(mm)	Q_3/Q_1	过载流量 Q_4 (m³/h)	常用流量 Q_3 (m³/h)	分介流量 Q_2 (m³/h)	最小流量 Q_1 (m³/h)	主要生产厂商
LXH-15B	15	160	3.125	2.5	25.0	15.6	
		200			20.0	12.5	
LXH-20B	20	160	5	4	40.0	25.0	
		200			32.0	20.0	
LXH-25B	25	160	7.875	6.3	63.0	39.4	宁波水表股份有限公司
		200			50.4	31.5	
LXH-32B	32	160	12.5	10	100.0	62.5	
		200			80.0	50.0	
LXH-40B	40	160	20	16	160.0	100.0	
		200			128.0	80.0	

型号	公称直径(mm)	Q_3/Q_1	Q_2/Q_1	常用流量 Q_4 (m³/h)	过载流量 Q_3 (m³/h)	分介流量 Q_2 (m³/h)	最小流量 Q_1 (m³/h)	主要生产厂商
WS	50	200	1.6	40	50	0.32	0.20	宁波水表股份有限公司
			6.3			1.26		
	80	200	1.6	63	79	0.50	0.32	
			6.3			2.00		
	100	200	1.6	100	125	0.80	0.50	
			6.3			3.15		
	150	200	1.6	250	312	2.00	1.25	
			6.3			7.88		
	200	200	1.6	400	500	3.20	2.00	
			6.3			12.60		
WSD (可拆卸)	50	200	1.6	40	50	0.32	0.20	申舒斯仪表系统（福州）有限公司
	65	200	1.6	40	50	0.32	0.20	
	80	200	1.6	63	78.75	0.50	0.32	
	100	200	1.6	100	125	0.80	0.50	
	150	250	1.6	250	312.5	1.60	1.00	
WS (可拆卸)	50	200	6.3	40	50	1.26	0.20	福州真兰水表有限公司
	65	200	6.3	40	50	1.26	0.20	
	80	200	6.3	63	78.75	1.98	0.32	
	100	200	6.3	100	125	3.15	0.50	
	150	200	6.3	250	312.5	7.88	1.25	
	200	200	6.3	400	500	12.60	2.00	
Woltmag	50	100	1.6	40	60	0.64	0.40	埃创仪表系统（苏州）有限公司
	80	100	1.6	100	150	1.60	1.00	
	100	100	1.6	160	240	2.56	1.60	

型号	公称直径 （mm）	Q_3/Q_1	过载流量 Q_4 （m³/h）	常用流量 Q_3 （m³/h）	分介流量 Q_2 （m³/h）	最小流量 Q_1 （m³/h）	主要生产厂商
LXLC （可拆卸）	50	50	50	40	1.25	0.8	宁波水表股份 有限公司
		80			0.8	0.5	
	65	50	50	40	1.25	0.8	
		80	78.5	63	1.25	0.8	
	80	50	78.7	63	2.0	1.25	
		80			1.25	0.8	
	100	50	125	100	3.2	2.0	
		80			2.0	1.25	
	125	50	200	160	5.0	3.2	
		80			3.2	2.0	
	150	50	312.5	250	8.0	5.0	
		80			5.0	3.2	
	200	50	500	400	12.5	8.0	
		80			8.0	5.0	
	250	50	787	630	20.0	12.5	
		80			12.5	8.0	
	300	50	1250	1000	32	20	
		80			20	12.5	
	400	50	2000	1600	51.2	32	
	500		3125	2500	80	50	
MS （可拆卸）	40	125	31.25	25	0.32	0.20	申舒斯仪表 系统（福州） 有限公司
	50	160	50	40	0.40	0.25	
	65	160	78.75	63	0.63	0.39	
	80	315	125	100	0.51	0.32	
	100	315	200	160	0.81	0.51	
	125	250	200	160	1.02	0.64	
	150	400	500	400	1.60	1.00	
MSP （可拆卸）	40	315	31.25	25	0.13	0.08	
	50	315	31.25	25	0.13	0.08	
	65	400	50	40	0.16	0.10	
	80	400	78.75	63	0.25	0.16	
	100	400	125	100	0.40	0.25	
	150	630	31.25	250	0.63	0.40	
WPD （可拆卸）	40	125	50	40	0.51	0.31	
	50	125	50	40	0.51	0.32	
	65	160	78.75	63	0.63	0.39	
	80	200	125	100	0.80	0.50	
	100	200	200	160	1.28	0.80	
	125	200	312.5	250	2.0	1.25	
	150	200	500	400	3.2	2.0	
	200	160	800	630	6.3	3.9	
	250	160	1563	1250	12.5	7.8	
	300	125	2000	1600	20.5	12.8	
	400	125	25000	20000	32	20	

型号	公称直径 (mm)	Q_3/Q_1	过载流量 Q_4 (m³/h)	常用流量 Q_3 (m³/h)	分介流量 Q_2 (m³/h)	最小流量 Q_1 (m³/h)	主要生产厂商
Woltex	50	100	60	40	0.64	0.4	埃创仪表 系统（苏州） 有限公司
	80	100	150	100	1.6	1.0	
	100	100	240	160	2.56	1.6	
	150	100	600	400	6.4	4.0	
	200	100	945	630	10.08	6.3	
	250	100	1500	1000	16	10	
	300	100	2400	1600	25.6	16	
	400	100	3750	2500	40	25	
	500	100	6000	4500	64	45	

复式水表性能规格　　　　　　　表 4-25

型号	大表 公称直径 (mm)	小表 公称直径 (mm)	常用流量 Q_3 (m³/h)	Q_3/Q_1	过载流量 Q_4 (m³/h)	分介流量 Q_2 (m³/h)	最小流量 Q_1 (m³/h)	主要生产厂商
LXF-50	50	15	40	1250	50	51.2	32	宁波水表股份 有限公司
LXF-65	65	20	63	1250	78.75	80	50	
LXF-80	80	20	63	1250	78.75	80	50	
LXF-100	100	25（20）	100	1250	125	128	80（50）	
LXF-150	150	40	250	1250	312.5	320	200	
LXF-200	200	50	400	1250	500	512	320	
MT （可拆卸）	50	—	63	2500	78.75	40.3	25.2	申舒斯仪表 系统（福州） 有限公司
	80		100	2500	1250	64	40	
	100		160	6300	200	40.6	25.4	
	150		400	4000	500	160	100	

纯净水表性能规格　　　　　　　表 4-26

型号	公称直径 (mm)	Q_3/Q_1	过载流量 Q_4 (m³/h)	常用流量 Q_3 (m³/h)	分介流量 Q_2 (m³/h)	最小流量 Q_1 (m³/h)	主要生产厂商
LYH-8	8	80	2	1.6	32	20	宁波水表股份 有限公司
		100			25.6	16	
		125			20.5	12.8	
		160			16	10	
		200			12.8	8	
		250			10.2	6.4	

电子远程水表性能规格　　　　　　　表 4-27

型号	公称直径 (mm)	量程比 Q_3/Q_1	常用流量 (m³/h)	备注	主要生产厂商
N1.5	15	80、63、50	2.5	无源抄读	宁波水表股份 有限公司
N2.5	20	80、63、50	4		
N3.5	25	80、63、50	6.3		

型号	公称直径 (mm)	量程比 Q_3/Q_1	常用流量 (m³/h)	备注	主要生产厂商
LXSYY	15	160、125、100	2.5	旋翼液封式 光电直读	江苏远传智能 科技有限公司
	20	160、125、100	4		
	25	160、125、100	6.3		
LXRD	50	400、500、630	25	垂直螺翼式 GPRS/M-BUS	无锡水表 有限责任公司
	80	400、500、630	63		
	100	400、500、630	100		
	150	400、500、630	250		
LXLD	50	250、315	63	水平螺翼式 GPRS/M-BUS	
	80	250、500	160		
	100	250、630	250		
	150	250、400	400		

IC 卡水表性能规格 表 4-28

型号	公称直径 (mm)	量程比 Q_3/Q_1	常用流量 (m³/h)	备注	主要生产厂商
LYHZ-8B	8	200、160、125	1	—	宁波水表股份 有限公司
LXSZ-15	15	80、63、50	2.5		
LXSZ-20	20	80、63、50	4		
LXSD	15	100、80	2.5	兼具 远传功能	
	20	100、80	4		
	25	100、80	6.3		
	40	100、80	16		

4.16 压力表（计）设置

（1）常用弹性式压力表（计）的技术特性见表 4-29。

常用弹性式压力表（计）的技术特性 表 4-29

序号	名称		作用原理	特点	测量范围 (MPa)	精度	适用场所
1	普通压力表、真空表		待测压力作用于表内弹性元件，使弹性元件产生与压力大小成正比的机械位移	结构简单，成本低廉，使用维护方便，产品品种多	−0.1～100	1.0 1.5 2.5	测量非腐蚀性及无爆炸危险的非结晶气体、液体的压力及负压。防爆车间电接点压力表应选用防爆型
2	电接点压力表、真空表	防爆			−0.1～160	1.5 2.5	
		非防爆					
3	双针双管压力表				0.4～0.6	1.5	测量非腐蚀性介质压力，可同时测量两点表压及两点压差
4	双面压力表				0～2.5	1.5	多用于测量蒸汽机和锅炉之蒸汽压力
5	矩形压力表				0.16～2.5	2.5	供嵌入仪表盘内测量非腐蚀性介质的压力和负压

序号	名称		作用原理	特点	测量范围（MPa）	精度	适用场所
6	远传压力表	电阻式 电感式		有刻度，不防爆	0.1～60	1.5	既可将测量值传至远离测量点的二次仪表，又可就地指示
7	标准压力表			结构严密，精密压力表弹簧管材质为Ni42Cr6Ti不锈钢	−0.1～250	0.2 0.25	用于精确测量非腐蚀性介质的压力和负压，亦可检验普通压力表。精密压力表还可用于大部分有机酸和无机酸等酸性介质的测量
8	精密压力表		待测压力作用于表内弹性元件，使弹性元件产生与压力大小成正比的机械位移		6～60	0.4 0.25	
9	耐酸压力表			以镍铬、钛铝合金和奥氏体类不锈钢为弹簧管材	4～60	1.5	用于对本仪表材质不起化学作用的腐蚀性介质的压力测量
10	多圈弹簧管压力表			结构较复杂，但具有指示、记录、远传、报警等多种功能	0.6～16	1.0 1.5	用于测量非腐蚀性介质的压力。既能远传，也能就地指示、记录和调节。适用于科学研究累积数据等
11	膜片式压力表、真空表（带电接点装置有耐腐蚀及不耐腐蚀两类材质）			带电接点装置中的耐腐蚀材料为1Cr18Ni9Ti及Ni36CrAl含钼不锈钢，不耐腐蚀的材料为钢保护层。带电接点装置不防爆	2.5 −0.1	2.5	适用于测量腐蚀性及非腐蚀性，不结晶和不凝固的黏性较大的介质压力和负压

（2）选择

1）压力表类型的选择

压力表类型一般应按下列原则选用：

① 测量要求：如测量精度、显示方式、是否要求远传和报警以及自动调节等。

② 测量范围：指待测压力可能出现的最大和最小值。

③ 被测介质的物理、化学性质：如介质的状态、温度、黏滞度，是否具有腐蚀性和脉动性。

④ 压力表安装场所的特殊要求：如防震、防爆等。

⑤ 其他技术经济特性。

2）压力表最大刻度的选择

弹性式压力表（计）测量稳定压力时，待测压力的正常值应为仪表最大刻度的2/3或3/4；测量波动压力时，待测压力的正常值应为仪表最大刻度的1/2，最小值应为仪表最大刻度的1/3。

3）压力表精度的选择

工业用压力表、真空表，一般要求仪表精度为1.5级或2.5级；实验室或校验用压力表、真空表，一般要求仪表精度为0.4级或0.25级以上。

（3）安装

1）取压点位置的选择及取压部件的安装

① 在管道上取压时，取压点应选择在流速稳定的直线管段上，不应在管路分岔、弯曲、死角或其他可能形成旋涡的管段上取压。

② 在容器内取压时，取压点应选择在容器内介质流动最小、最平稳的区域。

③ 在水平或倾斜管道上测量压力时，取压点应按图 4-12 布置。

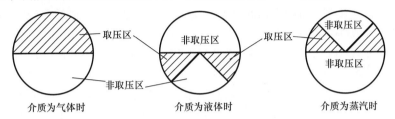

图 4-12 压力管道中取压点的布置

④ 取压点一般应距焊缝 100mm 以上，距法兰 300mm 以上。如在同一管段上安装两个以上压力表时，其间距不应小于 150mm。

⑤ 取压部件一般不得伸入设备和管道内。

⑥ 测量带有沉淀物等污浊介质的压力或负压时，取压部件应顺流束成锐角插入。

⑦ 就地指示的压力表，当被测介质温度超过 60℃ 或低于 −5℃ 时，测压点与压力表之间应设 U 形弯或环形弯。

2）弹性式压力表（计）的安装

① 仪表应垂直安装。

② 仪表应安装在易于观察且无显著振动的地方。

③ 被测介质压力波动较大时，压力表与取压部件之间应加阻尼管，见图 4-13。

④ 被测介质有腐蚀性或易于凝结时，压力表与取压部件之间应设隔离装置，见图 4-14。

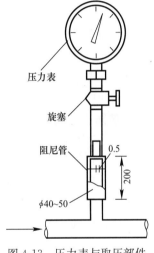

图 4-13 压力表与取压部件之间加阻尼管

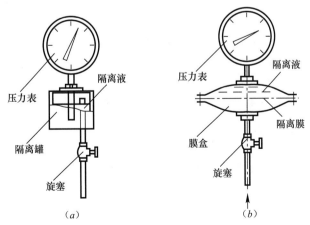

图 4-14 压力表与取压部件之间设隔离装置

（a）加隔离罐的压力表安装示意图；（b）加隔离膜的压力表安装示意图

4.17　倒流防止器（防污隔断阀）的设置

《建筑给水排水设计规范》GB 50015—2003（2009年版）相关水质要求：

3.2.1 生活饮用水系统的水质，应符合现行国家标准《生活饮用水卫生标准》GB 5749—2006 的要求。

3.2.4 生活饮用水不得因管道内产生虹吸、背压回流[1]而受污染。

注：[1]虹吸回流指系统供水端以及附近因救火、爆管、修理造成的压力降低或产生负压引起卫生器具、受水容器中的水或液体混合物的回流。

背压回流指给水管道内上游压力变化或者失压导致下游"用水端"的水压高于上游"供水端"的水压而引起下游非饮用水或液体混合物的回流。

随着物质生活水平的不断提高，人们对供水水质要求越来越高。而目前我国的供水管网防止回流污染的能力却很低，研究和生产新型防止回流污染的阀门装置对于改善我国的饮用水水质具有重大的现实意义。

规范明确指出：防止回流污染产生的技术措施一般可采用空气隔断、倒流防止器、真空破坏器等措施和装置。其中倒流防止器是继止回阀问世后的又一种防止液体倒流的新型阀门装置。其主要特点是彻底防止管网中水的回流，即使在第二止回阀受损时，安全泄水阀也会立即自行开启，并将倒流的水排出管道系统，从而彻底防止了回流污染，保证了人们生活饮用水的卫生与安全。

1. 倒流防止器的适用位置（即设置条件）

3.2.5 从生活饮用水管道上直接供下列用水管道时，应在这些用水管道的下列部位设置倒流防止器：

（1）从城镇给水管网的不同管段接出两路及两路以上的引入管，且与城镇给水管形成环状管网的小区或建筑物，在其（水表后面与阀门之间的）引入管上；

（2）从城镇生活给水管网直接抽水的水泵吸水管上；

（3）利用城镇给水管网水压且小区引入管无防回流设施时，向商用的锅炉、热水机组、水加热器、气压水罐等有压容器或密闭容器注水的进水管上。

3.2.5A 从小区或建筑物内生活饮用水管道系统上接至下列用水管道或设备时，应设置倒流防止器：

（1）单独接出消防用水管道时，在消防用水管道的起端；

注：不含室外给水管道上接出的室外消火栓。

（2）从生活饮用水贮水池抽水的消防水泵出水管上。

3.2.5B 生活饮用水管道系统上接至下列含有对健康有危害物质等有害有毒场所或设备时，应设置倒流防止设施：

（1）贮存池（罐）、装置、设备的连接管上；

（2）化工剂罐区、化工车间、实验楼（医药、病理、生化）等除按本条第1款设置外，还应在其引入管上设置空气间隙。

2. 倒流防止器的类型及选型

（1）类型

倒流防止器可分为三类：减压型倒流防止器、低阻力倒流防止器、双止回阀倒流防止器。

1）减压型倒流防止器

① 遵循国家标准：《减压型倒流防止器》GB/T 25178—2010。

② 定义：由两个独立作用的止回阀和一个泄水阀组成，能严格限定管道中的压力水只能单向流动的水力控制装置。

③ 范围：本装置适用于输送公称压力小于或等于 $PN16$、公称尺寸 $DN15\sim400$、温度不高于 65℃清水的减压型倒流防止器。公称尺寸小于 $DN15$ 和大于 $DN400$ 的减压型倒流防止器可参照执行。

④ 型号编制

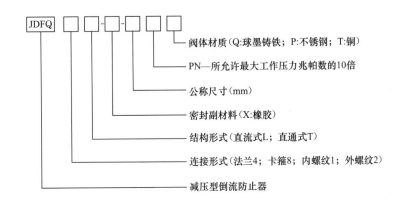

⑤ 结构

a.《减压型倒流防止器》GB/T 25178—2010：

法兰连接直流式倒流防止器结构见图 4-15；

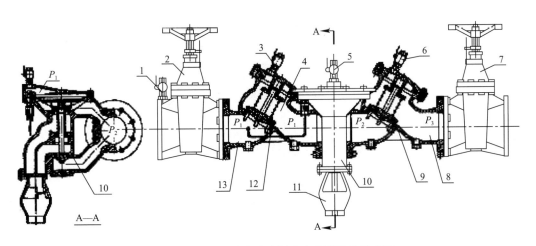

图 4-15　法兰连接直流式倒流防止器结构示意图

1—上游闸阀测压孔；2—上游闸阀；3—测压孔 1；4—中间腔；5—测压孔 2；6—测压孔 3；7—下游闸阀；
8—出水腔；9—出水止回阀密封副；10—泄水阀部件；11—漏水斗；12—进水止回阀密封副；13—进水腔

法兰连接直通式倒流防止器结构见图 4-16；
螺纹连接直流式倒流防止器结构见图 4-17；

螺纹连接直通式倒流防止器结构见图4-18。

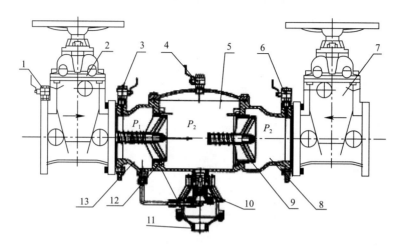

图4-16　法兰连接直通式倒流防止器结构示意图

1—上游闸阀测压孔；2—上游闸阀；3—测压孔1；4—中间腔；5—测压孔2；6—测压孔3；7—下游闸阀；
8—出水腔；9—出水止回阀密封副；10—泄水阀部件；11—漏水斗；12—进水止回阀密封副；13—进水腔

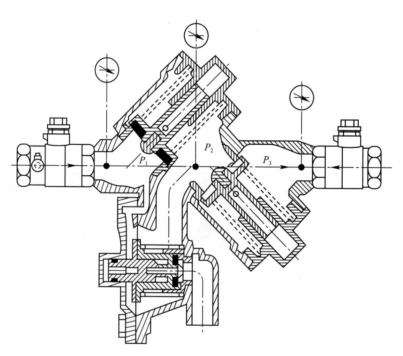

图4-17　螺纹连接直流式倒流防止器结构示意图

b.《给水排水设计手册》（第三版）第2册《建筑给水排水》：

HS型减压型倒流防止器外形构造见图4-19；

YQ型减压型倒流防止器外形构造（法兰连接不带过滤器）见图4-20；

YQ型减压型倒流防止器外形构造（法兰连接带过滤器）见图4-21。

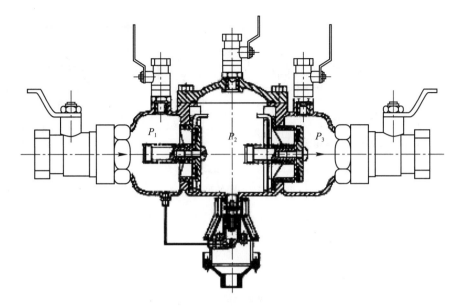

图 4-18　螺纹连接直通式倒流防止器结构示意图

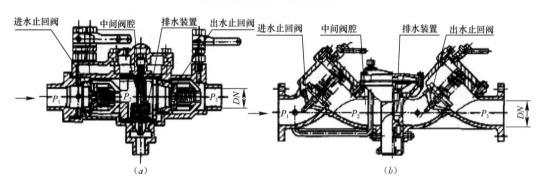

图 4-19　HS 型减压型倒流防止器外形构造

（a）螺纹连接倒流防止器；（b）法兰连接倒流防止器

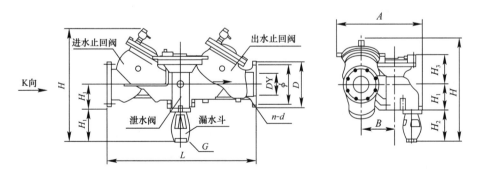

图 4-20　YQ 型减压型倒流防止器外形构造（法兰连接不带过滤器）

2）低阻力倒流防止器

① 遵循行业标准：《低阻力倒流防止器》JB/T 11151—2011。

② 定义：在回流工况时，中间腔始终与大气相通，且在管中平均流速为 2.0m/s 时的压力（水头）损失小于 0.04MPa 的倒流防止器。

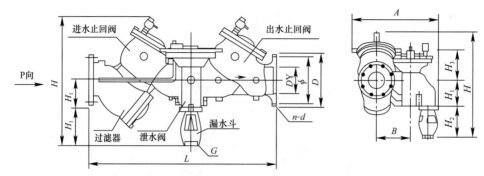

图 4-21 YQ 型减压型倒流防止器外形构造（法兰连接带过滤器）

③ 范围：本装置适用于输送生活饮用水、公称尺寸 DN15～400、介质温度不高于65℃、公称压力 PN10～16 的低阻力倒流防止器。

④ 型号编制

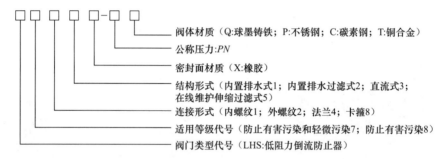

阀体材质（Q:球墨铸铁；P:不锈钢；C:碳素钢；T:铜合金）

公称压力:PN

密封面材质（X:橡胶）

结构形式（内置排水式1；内置排水过滤式2；直流式3；在线维护伸缩过滤式5）

连接形式（内螺纹1；外螺纹2；法兰4；卡箍8）

适用等级代号（防止有害污染和轻微污染7；防止有害污染8）

阀门类型代号（LHS:低阻力倒流防止器）

⑤ 结构

a.《低阻力倒流防止器》JB/T 11151—2011：

内置排水式低阻力倒流防止器（LHS711X 型）见图 4-22；

内置排水过滤式低阻力倒流防止器（LHS712X 型）见图 4-23；

直流式低阻力倒流防止器（LHS743X 型）见图 4-24；

在线维护过滤式低阻力倒流防止器（LHS745X 型）见图 4-25。

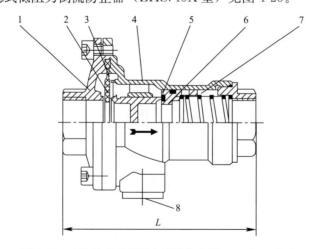

图 4-22 内置排水式低阻力倒流防止器（LHS711X 型）

1—阀盖；2—进水止回阀；3—内置排水器；4—阀体；5—出水止回阀；6—活塞；7—复位弹簧；8—排水器出口

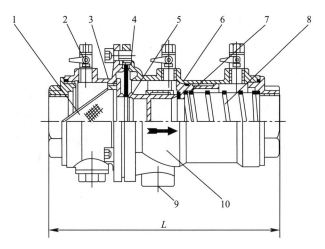

图 4-23　内置排水过滤式低阻力倒流防止器（LHS712X 型）

1—前置过滤网；2—检测阀；3—阀盖；4—内置排水器；5—进水止回阀；6—出水止回阀；

7—活塞；8—复位弹簧；9—排水器出口；10—阀体

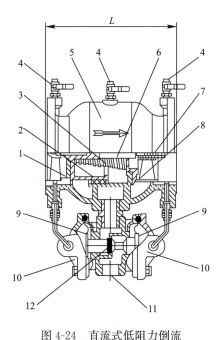

图 4-24　直流式低阻力倒流
防止器（LHS743X 型）

1—进水止回阀；2—感应活塞；

3—进水止回阀复位弹簧；4—检测阀；

5—阀体；6—阀轴；

7—出水止回阀复位弹簧；8—出水止回阀；

9—排水器膜片；10—排水器阀盖；

11—排水器出口；12—排水器阀瓣

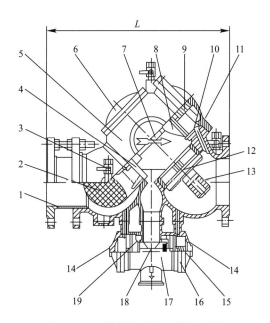

图 4-25　在线维护过滤式低阻力倒流
防止器（LHS745X 型）

1—伸缩法兰接头；2—前置过滤网；

3—检测阀；4—进水止回阀；5—阀体；

6—中间腔阀盖；7—阀轴；8—活塞；

9—进水止回阀复位弹簧；10—阀套；

11—控制腔阀盖；12—出水止回阀；

13—出水止回阀复位弹簧；14—排水器阀盖；

15—排水器弹簧；16—排水器活塞；

17—排水器阀体；18—排水器阀轴；

19—排水器阀瓣

b. 《给水排水设计手册》（第三版）第 2 册《建筑给水排水》：

低阻力倒流防止器外形构造（法兰连接）见图 4-26。

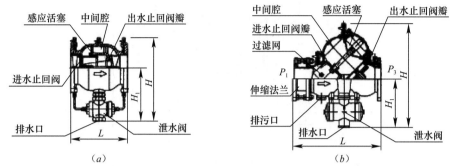

图 4-26　低阻力倒流防止器外形构造（法兰连接）

(a) LHS743X 型；(b) LHS745X 型

3）双止回阀倒流防止器

① 遵循行业标准：《双止回阀倒流防止器》CJ/T 160—2010。

② 定义：一种防止管道中的压力水逆向流动的两个独立止回阀串联装置。

③ 范围：本装置适用于输送公称压力不大于 1.6MPa、公称尺寸 $DN15\sim400$、温度 $1\sim65℃$ 的清水管道上双止回阀侧流倒流防止器的生产、检验和使用。

④ 型号编制

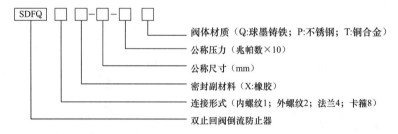

⑤ 结构及外型

a. 《双止回阀倒流防止器》CJ/T 160—2010：

法兰连接升降式双止回阀倒流防止器结构见图 4-27；

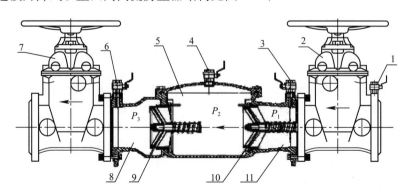

图 4-27　法兰连接升降式双止回阀倒流防止器结构示意图

1—测压孔 1；2—上游闸阀；3—测压孔 2；4—测压孔 3；5—中间腔；6—测压孔 4；7—下游闸阀；8—出水腔；

9—出水止回阀密封副；10—进水止回阀密封副；11—进水腔

螺纹连接升降式双止回阀倒流防止器结构见图 4-28；
沟槽连接旋启式双止回阀倒流防止器结构见图 4-29。

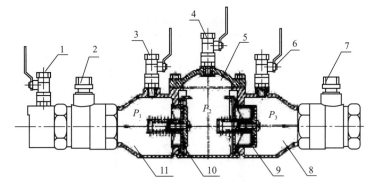

图 4-28　螺纹连接升降式双止回阀倒流防止器结构示意图

1—测压孔 1；2—上游球阀；3—测压孔 2；4—测压孔 3；5—中间腔；6—测压孔 4；
7—下游球阀；8—出水腔；9—出水止回阀密封副；10—进水止回阀密封副；11—进水腔

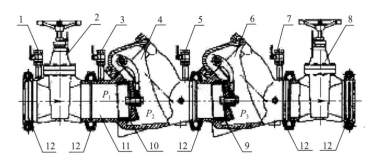

图 4-29　沟槽连接旋启式双止回阀倒流防止器结构示意图

1—测压孔 1；2—上游闸阀；3—测压孔 2；4—中间腔；5—测压孔 3；6—出水腔；7—测压孔 4；
8—下游闸阀；9—出水止回阀密封副；10—进水止回阀密封副；11—进水腔；12—沟槽管接件

b.《给水排水设计手册》（第三版）第 2 册《建筑给水排水》：
W-709（明杆）双止回阀倒流防止器外形见图 4-30。

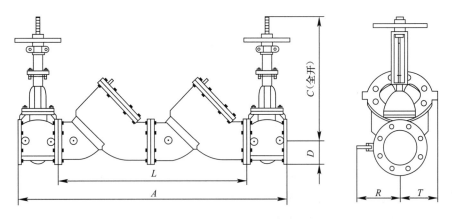

图 4-30　W-709（明杆）双止回阀倒流防止器外形

（2）选型

《倒流防止器选用及安装》（12S108-1）——倒流防止器选型见表 4-30。

倒流防止器选型　　　　　　表 4-30

分类	适用介质及温度	适用范围	特点	安装方式	连接形式	生产企业	页次
减压型倒流防止器	≤65℃市政自来水	适用于所有防回流污染情况	由两个独立作用的止回阀和一个泄水阀组成，能严格限定管道中的压力水只能单向流动的水力控制装置，在3m/s流速时允许压力损失100kPa	按照安装位置分为室内、室外地上安装；按照所连接的仪表分为带水表、不带水表	公称尺寸小于DN50，为螺纹连接；公称尺寸大于等于DN50，为法兰或卡箍连接	广东永泉阀门科技有限公司　株洲南方阀门股份有限公司　沃茨（上海）管理有限公司　上海高桥水暖设备有限公司	第7～30页
低阻力倒流防止器	≤65℃市政自来水	适用于生活饮用水回流污染危害程度为低和中等级别两种情况	由双级止回阀结构的主阀和中间自动排水装置组成，在回流时能够形成中间腔空气隔断，严格防止回流污染，在2m/s流速时水头损失小于40kPa	按照安装位置分为室内、室外地上安装；按照所连接的仪表分为带水表、不带水表	公称尺寸小于等于DN50，为螺纹连接；公称尺寸大于等于DN50，为法兰连接	上海上龙阀门厂	第31～49页
双止回阀倒流防止器	≤65℃市政自来水	适用于生活饮用水回流污染危害程度为低等级的背压回流的情况	两个独立止回阀串联装置，防止管道中压力水逆向流动，在2m/s流速时水头损失小于40kPa	按照安装位置分为室内安装、室外地上安装、室外地下安装；按照所连接的仪表分为带水表、不带水表	公称尺寸小于DN50，为螺纹连接；公称尺寸大于等于DN50，为法兰或卡箍连接	广东永泉阀门科技有限公司　沃茨（上海）管理有限公司　上海上龙阀门厂	第50～92页

3. 倒流防止器的规格及安装示意图

（1）《倒流防止器选用及安装》（12S108-1）——安装示意图图集名称、图集号/页次见表 4-31。

安装示意图图集名称、图集号/页次　　　　　　　　　　表 4-31

分类		图集名称	图集号/页次
减压型倒流防止器	螺纹连接	减压型倒流防止器室内安装（带水表）	12S108-1/9
		减压型倒流防止器室内安装（不带水表）	12S108-1/10
	法兰连接	减压型倒流防止器室内安装（带水表）	12S108-1/11
		减压型倒流防止器室内安装（不带水表）	12S108-1/12
		减压型倒流防止器室外地上安装（带水表）	12S108-1/14
		减压型倒流防止器室外地上安装（不带水表）	12S108-1/15
低阻力倒流防止器	螺纹连接	低阻力倒流防止器室内安装（带水表）	12S108-1/33
		低阻力倒流防止器室内安装（不带水表）	12S108-1/34
	LHS743X 型（法兰连接）	低阻力倒流防止器室内安装（带水表）	12S108-1/35
		低阻力倒流防止器室内安装（不带水表）	12S108-1/36
		低阻力倒流防止器室外地上安装（带水表）	12S108-1/37
		低阻力倒流防止器室外地上安装（不带水表）	12S108-1/38
	LHS745X 型（法兰连接）	低阻力倒流防止器室内安装（带水表）	12S108-1/40
		低阻力倒流防止器室内安装（不带水表）	12S108-1/41
		低阻力倒流防止器室外地上安装（带水表）	12S108-1/42
		低阻力倒流防止器室外地上安装（不带水表）	12S108-1/43
双止回阀倒流防止器	螺纹连接	双止回阀倒流防止器室内安装（带水表）	12S108-1/52
		双止回阀倒流防止器室内安装（不带水表）	12S108-1/53
	法兰连接	双止回阀倒流防止器室内安装（带水表）	12S108-1/54
		双止回阀倒流防止器室内安装（不带水表）	12S108-1/55
		双止回阀倒流防止器室外地上安装（带水表）	12S108-1/57
		双止回阀倒流防止器室外地上安装（不带水表）	12S108-1/58
	螺纹连接	双止回阀倒流防止器室外地下安装（带水表）	12S108-1/60
		双止回阀倒流防止器室外地下安装（不带水表）	12S108-1/61
	法兰连接	双止回阀倒流防止器室外地下安装（带水表）	12S108-1/62
		双止回阀倒流防止器室外地下安装（不带水表）	12S108-1/63

（2）《建筑给水排水设计手册》（第二版下册）——规格及安装示意图：

1）螺纹连接倒流防止器：见图 4-31、表 4-32、图 4-32。

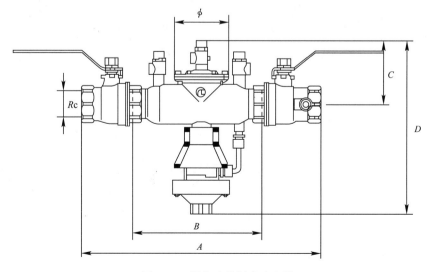

图 4-31　螺纹连接倒流防止器

螺纹连接倒流防止器规格　　　　表 4-32

DN		A	B	C	D	ϕ	R_c (in)	W (kg)
mm	in							
15	1/2	270	160	86	240	75	1/2	3.2
20	3/4	280	160	86	240	75	3/4	3.5
25	1	332	190	90	245	80	1	6.2
32	$1^1/4$	350	190	90	245	80	$1^1/4$	7
40	$1^1/2$	404	223	105	270	100	$1^1/2$	9.5
50	2	438	223	105	270	100	2	11

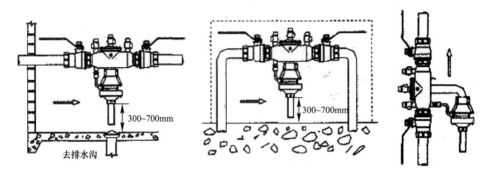

图 4-32　螺纹连接倒流防止器安装示意图

产品规格：DN15、DN20、DN25、DN32、DN40、DN50；

适用范围：宾馆、别墅、高层楼宇、公寓、住宅小区、医院、度假村、疗养院。

2）法兰连接倒流防止器：见图 4-33、表 4-33、图 4-34。

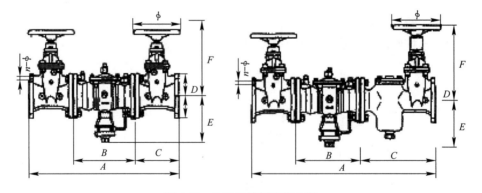

图 4-33　法兰连接倒流防止器

法兰连接倒流防止器规格　　　　表 4-33

DN		A	B	C	D	E	F	ϕ	n-ϕ		W (kg)
mm	in								PN10	PN16	
65	$2^1/2$	770 (619)	279	320 (170)	185	185	350 (315)	200	4-19		64 (60)
80	3	873 (691)	331	360 (180)	200	200	416 (365)	240	8-19		82 (77)

| DN | | A | B | C | D | E | F | ϕ | $n-\phi$ | | W |
mm	in								PN10	PN16	(kg)
100	4	1060 (795)	415	400 (190)	220	210	445 (400)	280	8-19		115.5 (107)
150	6	1260 (950)	530	520 (210)	285	260	545 (505)	280	8-23		185 (170.5)
200	8	1505 (1105)	645	630 (230)	340	310	650 (595)	360	8-23	12-23	283 (256)
250	10	1755 (1250)	750	755 (250)	400	375	740 (675)	360	12-23	12-28	495 (450)
300	12	2030 (1400)	860	880 (270)	455	435	850 (792)	450	12-23	12-28	658.5 (625)
350	14	2199 (1569)	985	1000 (290)	515	495	955 (895)	450	16-23	16-28	815.4 (743)
400	16	2560 (1720)	1100	1125 (310)	575	550	1060 (1010)	450	16-28	16-31	1098 (1026)

注：括弧内数字为进口闸阀不带桶形过滤器时的数据。

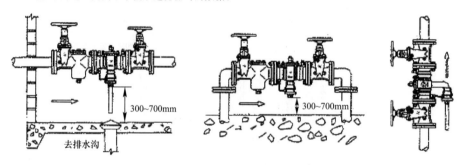

图 4-34　法兰连接倒流防止器安装示意图

产品规格：DN65、DN80、DN100、DN150、DN200、DN250、DN300、DN350、DN400；

适用范围：自来水管网、工业取用水系统、喷灌洒水系统、消防供水系统、无负压供水系统等。

（3）《低阻力倒流防止器和真空破坏器选用与安装》——安装示意图：

螺纹连接低阻力倒流防止器（LHS711X型）室内安装（带水表）—户表箱内安装图见图 4-35；

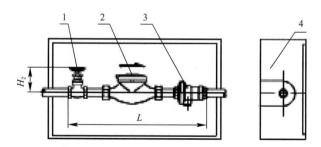

图 4-35　螺纹连接低阻力倒流防止器（LHS711X型）室内安装（带水表）—户表箱内安装图

产品规格：DN15、DN20、DN25、DN32、DN40、DN50。

1—前控制阀；2—水表；3—低阻力倒流防止器；4—户表箱

（DN—L—H_2）15、20、25—404、449、498—75、84、91

螺纹连接低阻力倒流防止器（LHS712X 型）室内安装（不带水表）见图 4-36；

法兰连接低阻力倒流防止器（LHS743X 型）—室外地上安装（带水表）见图 4-37；

法兰连接低阻力倒流防止器（LHS745X 型）—室外地上安装（带水表）见图 4-38；

法兰连接低阻力倒流防止器（LHS745X 型）—室外地上安装（不带水表）见图 4-39；

法兰连接低阻力倒流防止器（LHS743X 型、LHS745X 型）室外地上安装（含地下水表阀组）见图 4-40。

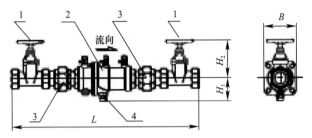

图 4-36 螺纹连接低阻力倒流防止器（LHS712X 型）室内安装（不带水表）

1—前后控制阀；2—低阻力倒流防止器；3—活接头；4—排水口

（DN—L—B—H_2—H_1）

32、40、50—708、748、851—118、118、132—105、112、125—61、61、72

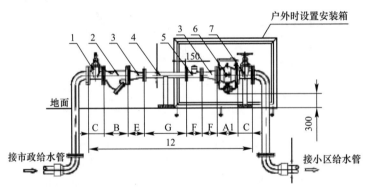

图 4-37 法兰连接低阻力倒流防止器（LHS743X 型）—室外地上安装（带水表）

1—前闸阀；2—过滤器；3—异径接头；4—短管；5—水表；6—低阻力倒流防止器；7—后闸阀

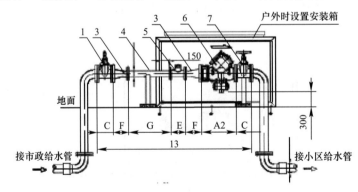

图 4-38 法兰连接低阻力倒流防止器（LHS745X 型）—室外地上安装（带水表）

1—前闸阀；2—过滤器；3—异径接头；4—短管；5—水表；6—低阻力倒流防止器；7—后闸阀

低阻力倒流防止器阀组（带水表）尺寸见表 4-34。

低阻力倒流防止器阀组（带水表）尺寸表（mm）　　　表 4-34

公称尺寸	水表型号	低阻力倒流防止器阀组（带水表）尺寸								
DN	LXIC-DN1	L2	L3	A1	A2	B	C	E	F	G
50	LXIC-50	1375		185		230	180		200	400
65	LXIC-50	1628	1588	210	420	250	195	89	200	400
80	LXIC-80	1790	1730	225	445	280	210		225	640
100	LXIC-80	2129	2009	250	480	350	230	102	225	640
	LXIC-100	2110	1990	250	480	350	230		250	800
150	LXIC-100	2670	2490	340	600	440	280	140	250	800
	LXIC-150	2840	2660	340	600	440	280		300	1200
200	LXIC-150	3364	3214	400	750	500	330	152	300	1200
	LXIC—200	3510	3360	400	750	500	330		350	1600
250	LXIC—200		3996		930	580	380	178	350	1600
300	LXIC—200		4266		1120	670	420	178	350	1600
	LXIC-300		4860		1120	670	420		500	2400
350	LXIC-300		5670		1270	780	450	300	500	2400
400	LXIC-300		5890		1430	850	480	300	500	2400
	LXIC-400		6190		1430	850	480		600	3200

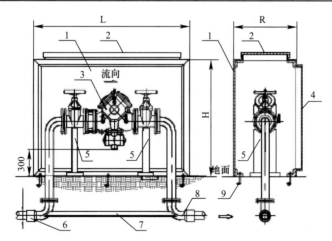

图 4-39　法兰连接低阻力倒流防止器（LHS745X 型）—室外地上安装（不带水表）

1—阀门安装箱（安装箱尺寸见下表 4-35）；2—安装箱顶部检修门；3—倒流防止器阀组；4—安装箱侧部检修门；
5—支架；6—进水管道；7—进出水管道支撑；8—出水管道；9—地脚螺栓

阀门安装箱尺寸表　　　表 4-35

公称尺寸 DN	65	80	100	150	200	250	300	350	400
安装箱长度 L	1250	1500	1750	2250	2750	3250	3750	4000	4400
安装箱宽度 B	500	600	600	750	750	1000	1150	1250	1250
安装箱高度 H	1000	1000	1250	1500	1500	1600	1750	2000	2250

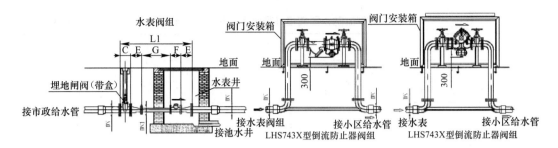

图 4-40　法兰连接低阻力倒流防止器（LHS743X 型、LHS745X 型）
室外地上安装（含地下水表阀组）

水表阀组尺寸见表 4-36。

水表阀组尺寸表（mm） 表 4-36

公称尺寸	水表型号	水表阀组尺寸				
DN	LXIC-DN1	L1	C	E	F	G
50	LXIC-50	780	180		200	400
65	LXIC-50	973	195	89	200	400
80	LXIC-80	1075	210		225	640
100	LXIC-80	1299	230	102	225	640
	LXIC-100	1280	230		250	800
150	LXIC-100	1610	280	140	250	800
	LXIC-150	1780	280		300	1200
200	LXIC-150	2134	330	152	300	1200
	LXIC-200	2280	330		350	1600
250	LXIC-200	2508	380	178	350	1600
300	LXIC-200	2726	420	178	350	1600
	LXIC-300	3320	420		500	2400
350	LXIC-300	3950	450	300	500	2400
400	LXIC-300	3980	480	300	500	2400
	LXIC-400	4280	480		600	3200

4. 倒流防止器的安装要求

（1）倒流防止器应水平安装（低阻力型倒流防止器也可垂直安装），安装时应按箭头方向，不得逆向；

（2）安全泄水阀的出口距地面高度不应小于 300mm，并不得被水或杂物所淹没；

（3）倒流防止器前后应设置控制阀门，用于关闭或开启水流通道，以便于维修时更换倒流防止器；

（4）在总管上宜设置过滤器，用于去除管路中的杂物，以保证倒流防止器的正常工作；

（5）倒流防止器前应设置伸缩节或可曲挠橡胶接头，以便拆卸倒流防止器检修。

5. 倒流防止器的作用原理

由图 4-41 可知：倒流防止器是由两个止回阀及夹在中间的安全泄水阀组合而成的一个阀门装置。

当管网压力正常时，水是很容易从进口经由两个止回阀流向出口的。由于第一止回阀的局部阻力使阀腔内的压力略低于进口处压力，而隔膜下的水压则为进口处压力，所以隔膜下的水压大于隔膜上的水压，安全泄水阀保持关闭状态，这时管道内的水正常流动，如图 4-42 所示。当倒流防止器后面管路上的所有阀门都关闭时，水流处于静止状态。此时，若进口处压力不变，阀腔内的水压仍比进口处水压略低，安全泄水阀仍处于关闭状态。

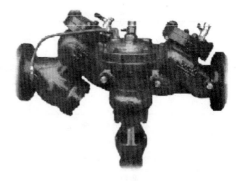

图 4-41　倒流防止器
（法兰连接带过滤器）效果图

当倒流防止器后面的管道压力升高，并超过供水压力，即所谓背压，这时如果第二止回阀没有渗漏，则高压水不会倒流至阀腔内，阀腔内仍保持正常流动时的压力，所以安全泄水阀不动作排水；如果第二止回阀渗漏，阀腔内的压力就会因渗漏而提高，安全泄水阀就动作排水。这样就减少了高压水流对第一止回阀的压力，从而有效防止了后面的水再从第一止回阀倒流至前段管道，如图 4-43 所示。

如果给水系统压力不断下降，则控制安全泄水阀动作的隔膜下部的压力也随之下降，当进口压力降至 0.02MPa 时，安全泄水阀的控制弹簧就会伸长，将安全泄水阀打开排水；当进口压力下降至零或负压时，安全泄水阀就会完全打开，空气进入阀腔，使阀腔内形成一个比进口直径大两倍的空气间隔，从而不会产生虹吸倒流，这时管道内的水停止流动。

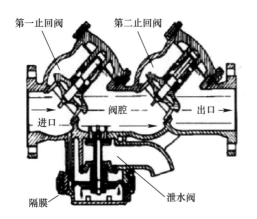

图 4-42　倒流防止器正常工作状态

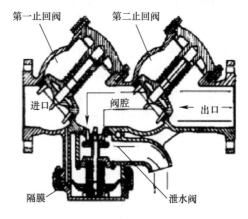

图 4-43　当第二止回阀渗漏时倒流防止器工作状态

6. 倒流防止器设施选择

倒流防止器设施选择见表 4-37。

防回流设施选择　　　　　　　　　　　　　　　　　表 4-37

防回流设施	回流污染危害程度[①]					
	低		中		高	
	虹吸回流	背压回流	虹吸回流	背压回流	虹吸回流	背压回流
减压型倒流防止器	可用	可用	可用	可用	可用	可用
低阻力倒流防止器	可用	可用	可用	可用	不可用	不可用

防回流设施		回流污染危害程度①					
		低		中		高	
		虹吸回流	背压回流	虹吸回流	背压回流	虹吸回流	背压回流
双止回阀倒流防止器		不可用	可用	不可用	不可用	不可用	不可用
空气间隙		可用	不可用	可用	不可用	可用	不可用
真空破坏器	压力型真空破坏器	可用	不可用	可用	不可用	可用	不可用
	大气型真空破坏器	可用	不可用	可用	不可用	可用	不可用
	软管型真空破坏器	可用	不可用	可用	不可用	可用	不可用

①回流污染危害程度详见《建筑给水排水设计规范》GB 50015—2003（2009 年版）附录 A 表 A.0.1。危险等级及其危害程度参见表 4-38。

回流污染危险等级及其危害程度　　　　　　　　　　　　表 4-38

回流污染危险等级	危害程度
低	《建筑给水排水设计规范》：回流造成的危害不至于危害公众健康，对生活饮用水在感官上造成不利影响
	《给水排水设计手册》（第三版）第 2 册《建筑给水排水》：可能导致恶心、厌烦或感官刺激
中	《建筑给水排水设计规范》：对公众健康有潜在损害
	《给水排水设计手册》（第三版）第 2 册《建筑给水排水》：可能损害人体或生物健康
高	《建筑给水排水设计规范》：对公众生命和健康产生严重危害
	《给水排水设计手册》（第三版）第 2 册《建筑给水排水》：可能危及生命或导致严重疾病

4.18　倒流防止器与止回阀的区别

（1）功能方面

倒流防止器主要用于防止水的回流，即使其内部所有可能的密封全部失效，仍能确保不发生回流污染事故，是保障水质的专用技术措施。

止回阀主要用于保证水的单向流动，防止水倒流但无防污性能，当止回密封面失效后，不能有效防止水的回流污染。

设有倒流防止器的管段，不需要再设止回阀；反之不能替代。

（2）结构方面

减压型倒流防止器包含两个独立止回密封＋自动感应泄水器，体长质重。

低阻力倒流防止器包含两级止回密封＋外挂式自动泄水器，外形小、自重轻。

止回阀只有单级止回密封结构，长度小、自重轻。

（3）水头损失方面

减压型倒流防止器的水头损失：一般为 0.07～0.10MPa，系低压隔断形式。如果水损过低，隔断安全性将无法保证。

低阻力倒流防止器的水头损失小于 0.03MPa，为空气隔断或零压隔断，安全等级最高。

止回阀的水头损失一般小于 0.02MPa。

第5章 建筑排水

5.1 小型生活污水处理及其构筑物

现行《建筑给水排水设计规范》GB 50015—2003（2009 年版）4.8 节：污水局部处理被称为小型生活污水处理。

小型生活污水处理按国家行业标准《小型生活污水处理成套设备》CJ/T 355—2010，定义为单套处理能力不超过 $50m^3/h$ 的生活污水处理成套设备。其设备的额定处理能力依次定格为 0.1、0.2、0.3、0.5、1、2、3、5、7.5、10、12.5、15、20、25、30、40、$50m^3/h17$ 个规格。

代号如右图所示：

1974 年出版（绿皮）的《给水排水设计手册》第三册《室内给水排水与热水供应》第三章第五节：室内污水未经处理不允许排入室外排水管道时，应在建筑物内或其附近设置污水局部处理构筑物予以处理。此类构筑物即为现行称谓的隔油设施、排污降温池、化粪池、酸碱废水中和处理、医院污水处理等。

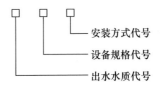

本书依据 1997 年版《建筑给水排水设计规范》GBJ 15—1988，在该节仅列出：隔油设施；锅炉排污降温池；化粪池。

5.2 隔油设施

1. 隔油设施形式
（1）隔油池与隔油沉淀池（见表 5-1）

隔油池与隔油沉淀池形成及图集号/页码　　　　　表 5-1

形式		图集号/页码
隔油池	钢筋混凝土隔油池	04S519/53～105
	砖砌隔油池	04S519/106～148
隔油沉淀池	钢筋混凝土汽车洗车污水隔油沉淀池	04S519/149～176
	砖砌汽车洗车污水隔油沉淀池	04S519/177～206

（2）隔油器（见表 5-2）

隔油器形式及主要生产厂家　　　　　表 5-2

形式		主要生产厂家
隔油器	矩形厨房餐饮废水隔油器	北京东方海联科技发展有限公司
		广州朗洁环保科技发展有限公司
	圆形厨房餐饮废水隔油器	北京东方海联科技发展有限公司
		广州朗洁环保科技发展有限公司

形式		主要生产厂家
隔油器	不锈钢新鲜油脂分离器-部分清理型	德国 ACO 中国子公司-亚科贸易（上海）有限公司
	新鲜油脂分离器-全部清理型	德国 ACO 中国子公司-亚科贸易（上海）有限公司

2. 隔油设施适用范围

（1）隔油池适用于公共食堂、饮食行业的厨房等含有食用油污水的室外排水管上。因其排水均含有较多的食用油脂，排入下水道时，随着水温的下降，污水挟带的油脂颗粒便开始凝固附着于管壁，使管道断面逐渐缩小以致堵塞管道。于是在污水排出的室外排水管上应设置隔油池。

（2）隔油沉淀池用于汽（修）车库、机械加工、维修车间以及其他工业用油场所，含有汽油、煤油、柴油、润滑油等污水排水管道上。其一，水体内含有汽油和煤油，极易挥发聚集，到一定浓度后发生爆炸而损坏管道，甚至引起火灾。其二，污水中挟带泥沙和其他杂物也需拦截。为此，在其排水管道上需设隔油沉淀池。

（3）隔油器适用于处理餐饮废水。

3. 隔油设施设置要求

（1）废水中含有食用油的隔油池宜设在地下室或室外远离人流较多的地点，人孔盖板应密封处理。

（2）废水中含有汽油、煤油等易挥发油类时，隔油沉淀池不得设在室内。

（3）隔油设施应设有活动盖板，以便于除油和检修；进水管应设清扫口以便清通。

（4）密闭式隔油器应设置通气管并单独接至室外。

（5）生活粪便污水不得排入隔油池内。

4. 关于隔油器

（1）隔油器分类（见表 5-3）

隔油器分类　　　　　　　　　　　　　　　　　表 5-3

序号	分类	
1	按材料可分为	不锈钢隔油器
		碳钢隔油器
		玻璃钢隔油器
2	按安装方式可分为	地上式隔油器
		地埋式隔油器
		吊装式隔油器
		厨下式隔油器
3	按进水方式可分为	明沟式隔油器
		管道式隔油器
4	按有无动力可分为	普通隔油器
		自动隔油器
5	按功能级别可分为	普通隔油器
		智能气浮式隔油器
		密闭式智能气浮隔油器
6	按排油方式可分为	刮油式隔油器
		液压隔油器

（2）餐饮废水隔油器简介

1）中国建筑工业出版社于 2008 年出版发行《建筑给水排水设计手册》（第二版下册），17.7（即 17 章第 7 节）推荐四款厨房隔油装置：

① 矩形厨房餐饮废水隔油器；

② 圆形厨房餐饮废水隔油器；

③ 不锈钢新鲜油脂分离器-部分清理型（即部分分离隔油器）[①]；

④ 新鲜油脂分离器-全部清理型（即完全分离隔油器）[②]。

注：① 部分分离隔油器：部分分离的含义是针对废油和废渣的排放处理来说的，即对于被隔离出来的废油和废渣，可在日常运行时不断地被分别排放到集油桶和集渣桶；无需等到隔油器被完全清空的时候与容器中的所有水一起排放。

② 完全分离隔油器：完全分离的含义亦是针对废油和废渣的排放处理来说的，即对于被隔离出来的废油和废渣，将在一定时段内一直被储存在隔油器中，直至隔油器被完全清空，此时容器中的废油、废渣和水一起被抽吸排放，以达到清理设备的目的。

2）中华人民共和国城镇建设行业标准《餐饮废水隔油器》CJ/T 295—2015：

2015 年 11 月 23 日发布，2016 年 4 月 1 日实施。

3）中华人民共和国住房和城乡建设部批准新修编的《卫生设备安装》（09S304）：

2009 年 9 月 1 日实行。本次修编已将"餐饮废水隔油器安装图"在 09S304/148～161 中一并列入。

4）餐饮废水隔油器技术特性

长方形厨房餐饮废水隔油器参数及尺寸见表 5-4，圆形厨房餐饮废水隔油器参数及尺寸见表 5-5。

部分分离隔油器、完全分离隔油器以及简易隔油器详见《卫生设备安装》（09S304）中"餐饮废水隔油器安装图"部分。

5）选用注意事宜与隔油工作原理

① 选用注意事宜

餐饮废水隔油器（简称"隔油器"）适用于饭店、公共食堂、餐饮业、公寓、住宅厨房等餐饮废水的集中除油处理，且处理水量、原水水质需满足下列要求：

a. 单台隔油器处理水量范围为 $1\sim54m^3/h$。

b. 餐饮废水所含动植物油品密度，在油温 20℃时为 $0.9\sim0.95g/cm^3$。

c. 油脂含量≤300mg/L

d. SS 浓度≤285mg/L。

e. 餐饮废水水温为 5～40℃。

f. 使用环境温度室温为 5～40℃。

g. 管道内含油污水应以重力流接驳至隔油器。

h. 排水量小于 $1m^3/h$ 的餐饮废水除油处理，采用简易隔油器。简易隔油器一般直接安装在厨房及备餐间内洗涤盆、洗手盆等用水器具的排水管上。

i. 对相关专业——建筑、结构、电气、暖通、给水排水等的设置要求，详见国标图集《卫生设备安装》（09S304）。

以上选用注意事项指：长方形隔油器、圆形隔油器、部分分离隔油器、完全分离隔油

长方形厨房餐饮废水隔油器参数及尺寸

表5-4

序号	型号	额定处理水量 (m³/h)	外形尺寸 (mm) L×B×H	进水管高度(管中心) H₁	出水管高度(管中心) H₂	A₁	A₂	A₃×n	进水管出水管溢流管管径 (mm)	通气管管径 (mm)	放空管管径 (mm)	功率 380V (kW)	干重 (t)	湿重 (t)
1	DFHL/LGCOC-CY-GYQ-1-F	1	1600×800×2200	2000	1550	800	800	—	80	50	100	2.9	0.9	2.2
2	DFHL/LGCOC-CY-GYQ-2-F	2	1600×1100×2200	2000	1550	800	800	—	80	50	100	2.9	1.0	2.5
3	DFHL/LGCOC-CY-GYQ-3-F	3	1800×1100×2200	2000	1550	800	500	500×1	80	50	100	2.9	1.0	2.7
4	DFHL/LGCOC-CY-GYQ-5-F	5	1900×1200×2200	2000	1550	800	550	550×1	80	50	100	2.9	1.1	3.0
5	DFHL/LGCOC-CY-GYQ-6-F	6	2000×1200×2300	2100	1650	800	600	600×1	100	50	100	2.9	1.1	3.4
6	DFHL/LGCOC-CY-GYQ-8-F	8	2100×1200×2300	2100	1650	800	650	650×1	100	50	100	2.9	1.1	3.4
7	DFHL/LGCOC-CY-GYQ-10-F	10	2200×1200×2300	2100	1650	800	700	700×1	100	50	100	2.9	1.2	3.7
8	DFHL/LGCOC-CY-GYQ-15-F	15	2300×1400×2400	2200	1750	800	750	750×1	100	50	100	2.9	1.3	4.6
9	DFHL/LGCOC-CY-GYQ-20-F	20	2300×1600×2400	2200	1750	800	750	750×1	100	50	100	2.9	1.3	5.0
10	DFHL/LGCOC-CY-GYQ-25-F	25	2600×1600×2400	2200	1750	800	600	600×2	100	50	100	2.9	1.4	5.5
11	DFHL/LGCOC-CY-GYQ-30-F	30	2800×1600×2400	2200	1750	800	700	650×2	100	50	100	2.9	1.4	6.0
12	DFHL/LGCOC-CY-GYQ-35-F	35	3000×1600×2400	2200	1750	800	800	700×2	150	50	100	4	1.6	6.6
13	DFHL/LGCOC-CY-GYQ-40-F	40	3000×1600×2500	2300	1850	800	800	700×2	150	50	100	4	1.6	7.1
14	DFHL/LGCOC-CY-GYQ-45-F	45	3200×1600×2500	2300	1850	800	800	800×2	150	50	100	4	1.7	7.5
15	DFHL/LGCOC-CY-GYQ-50-F	50	3400×1600×2500	2300	1850	800	650	650×3	150	50	100	4	1.9	8.0
16	DFHL/LGCOC-CY-GYQ-54-F	54	3600×1600×2500	2300	1850	800	700	700×3	150	50	100	4	1.9	8.3

注: 1. 表中进水管、出水管高度均为地面至管中心高度。
2. 隔油器设置场所结构承重平均荷载为1.5~2t/m²。
3. 本图集系按北京东方海联科技发展有限公司和广州朗洁环保科技有限公司提供的技术资料编制。

表 5-5

圆形厨房餐饮废水隔油器参数及尺寸

序号	型号	额定处理水量 (m³/h)	外形尺寸 (mm) $L\times B\times H$	安装尺寸 (mm)		支撑参数				进水管出水管溢流管管径 (mm)	通气管管径 (mm)	放空管管径 (mm)	功率 380V (kW)	干重 (t)	湿重 (t)
				进水管高度(管中心) H_1	出水管高度(管中心) H_2	支撑数(个)		支撑距离(mm)							
						n_1	n_2	ϕ_1	ϕ_2						
1	DFHL/LGCOC-CY-GYQ-1-Y	1	1500×700×2200	2000	1550	4	4	700	700	80	50	100	2.9	0.7	1.5
2	DFHL/LGCOC-CY-GYQ-2-Y	2	1600×800×2200	2000	1550	4	4	700	800	80	50	100	2.9	0.7	1.5
3	DFHL/LGCOC-CY-GYQ-3-Y	3	1700×900×2200	2000	1550	4	4	700	900	80	50	100	2.9	0.7	1.6
4	DFHL/LGCOC-CY-GYQ-5-Y	5	1800×1000×2300	2100	1650	4	4	700	1000	80	50	100	2.9	0.7	1.9
5	DFHL/LGCOC-CY-GYQ-6-Y	6	1900×1100×2300	2100	1650	4	4	700	1100	100	50	100	2.9	0.7	1.9
6	DFHL/LGCOC-CY-GYQ-8-Y	8	2000×1200×2300	2100	1650	4	4	700	1200	100	50	100	2.9	0.7	2.1
7	DFHL/LGCOC-CY-GYQ-10-Y	10	2100×1300×2300	2100	1650	4	8	700	1300	100	50	100	2.9	0.7	2.4
8	DFHL/LGCOC-CY-GYQ-15-Y	15	2200×1300×2300	2100	1650	4	8	800	1300	100	50	100	2.9	0.8	2.6
9	DFHL/LGCOC-CY-GYQ-20-Y	20	2300×1400×2400	2200	1750	4	8	800	1400	100	50	100	2.9	0.8	2.9
10	DFHL/LGCOC-CY-GYQ-25-Y	25	2400×1500×2400	2200	1750	4	8	800	1500	100	50	100	2.9	0.8	3.1
11	DFHL/LGCOC-CY-GYQ-30-Y	30	2500×1600×2400	2200	1750	4	8	800	1600	100	50	100	2.9	0.8	3.5
12	DFHL/LGCOC-CY-GYQ-35-Y	35	2600×1700×2400	2200	1750	4	8	800	1700	150	50	100	2.9	0.9	3.7
13	DFHL/LGCOC-CY-GYQ-40-Y	40	2700×1800×2500	2300	1850	4	8	800	1800	150	50	100	4	0.9	4.2
14	DFHL/LGCOC-CY-GYQ-45-Y	45	2800×1900×2500	2300	1850	4	8	800	1900	150	50	100	4	0.9	4.6
15	DFHL/LGCOC-CY-GYQ-50-Y	50	2900×2000×2500	2300	1850	4	8	800	2000	150	50	100	4	1.0	5.0
16	DFHL/LGCOC-CY-GYQ-54-Y	54	3000×2100×2500	2300	1850	4	8	800	2100	150	50	100	4	1.0	5.0

注: 1. 表中进水管、出水管高度均为地面至管中心高度。
2. 隔油器设置场所结构承重平均荷载为 1.5~2t/m²。
3. 本图集系按北京东方海联科技发展有限公司和广州朗洁环保科技有限公司提供的技术资料编制。

器四种类型。其中：部分分离隔油器主要用于酒店、饭店、大厦等建筑的厨房、餐厅以及轮船、屠宰场等。适用于自由安装，油脂污泥可部分排放，手动操作，不锈钢材质。完全分离隔油器用于厨房、餐厅。适用于室内自由安装，无需做基础。油脂污泥整体完全排放，含内部高压冲洗装置，PE或不锈钢材质。

简易隔油器适用于直接安装在食堂和餐厅厨房及备餐间内洗涤盆等器具含油废水排水管上。

② 隔油工作原理

隔油器分为固液分离区与油水分离区：在固液分离区设有格栅拦截与双绞刀泵去除废水中的固体污物；在油水分离区设有加热装置提高油水分离效果、防止浮油板结。

隔油器上部利用锥斗构造采用液压排油方式，以便浮油的收集与排放；底部亦采用锥斗＋放空管形式便于箱内排水、排渣。浮油通过液压作用经油管流入油桶中，收集后适时外运。经除油处理后的废水由排水管排出。

在隔油器进、出水管之间应设超越管以供设备维修时排水用。

6）型号意义举例说明

① 餐饮废水隔油器

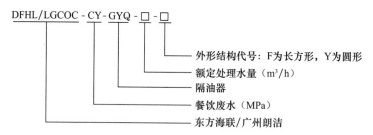

② 简易隔油器

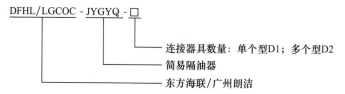

③ 亚科废油废渣（部分分离/完全分离）

7）隔油器处理水量

餐饮废水流量按设计秒流量计算，选用时应换算成隔油器额定处理水量，单位：m³/h。

① 已知用餐人数及用餐类型时，应按下式计算：

$$Q_{S1} = \frac{N q_0 K_h K_S \gamma}{1000t}$$

式中 Q_{S1}——设计秒流量，m^3/s；

　　　　N——餐厅的用餐人数，人；

　　　　q_0——用水定额，$L/(人 \cdot 餐)$；

　　　　K_h——小时变化系数；

　　　　K_S——小时变化系数；

　　　　γ——地区差异系数；

　　　　t——用餐历时，h。

　　② 已知餐厅面积及用餐类型时，应按下式计算：

$$Q_{S2} = \frac{S q_0 K_h K_S \gamma}{S_S 1000 t}$$

式中 Q_{S2}——小时处理水量，m^3/s；

　　　　S——餐厅、饮食厅的使用面积，m^2；

　　　　S_S——餐厅、饮食厅每个座位最小使用面积，m^2；

　　　　其他符号意义同上。

　　③ 餐饮业设计水量计算参数见表5-6。

餐饮业设计水量计算参数　　　　　　　　　　表5-6

序号	用水项目名称	单位	最高日生活用水定额 q_0 [$L/(人 \cdot 餐)$]	用水量地区差异系数 γ	用餐历时 (h)	小时变化系数 K_h	小时变化系数 K_S
1	中餐酒楼	每顾客每次	40～60	1.0～1.2	4	1.5～1.2	1.5～1.1
2	快餐店、职工及学生食堂		20～25	1.0～1.2	4	1.5～1.2	1.5～1.1
3	酒吧、咖啡馆、茶座、卡拉OK房		5～15	1.0～1.2	4	1.5～1.2	1.5～1.1

　　④ 餐厅与饮食厅每座最小使用面积见表5-7。

餐厅与饮食厅每座最小使用面积　　　　　　　　表5-7

等级	类别		
	餐厅、餐馆 ($m^2/座$)	饮食店、饮食厅 ($m^2/座$)	食堂餐厅 ($m^2/座$)
一	1.30	1.30	1.10
二	1.10	1.10	0.85
三	1.00	—	—

5.3　锅炉排污降温池

1. 排污降温池有关规定

　　依据现行城镇建设行业标准《污水排入城镇下水道水质标准》CJ 343—2010第4.2节水质标准之规定：

　　城镇下水道末端污水处理厂的处理程度，将控制项目限值分为A（采用再生处理）、B（采用二级处理）、C（采用一级处理）三个等级。其污水排入城镇下水道的水温均要求不大于 35℃。

下水道末端无污水处理设施时，排入城镇下水道的污水水质不得低于 C 等级的要求（即不大于 35℃）。

当排水温度高于 35℃时，会蒸发大量气体，清理管道时劳动条件变差，进而影响操作工身体健康。故排水温度高于 35℃的污、废水，应经降温后才能排入城镇下水道。企业厂区范围内，各个车间排入室外管网的污、废水温度不宜超过 50℃；并应使厂区总排水口排水温度不超过 35℃。

2. 排污降温池设置原则及要求

（1）对于温度较高的污、废水，首先应考虑将其所含热量充分回收利用，没有利用价值时才设降温池降温后排放。

（2）为了减少冷却水量，对于超过 100℃的高温水，在进入降温池时应将其二次蒸发的蒸汽导出室外，而只对 100℃以下的水进行冷却降温处理。

根据工程现场情况二次蒸发筒附近应设栏杆，以防烫伤。

（3）为了保证降温效果，冷却水与高温水应充分混合，可采用穿孔管喷洒。

（4）冷却水应尽可能利用低温废水，如采用自来水作冷却水时，应采取防止回流污染措施。

（5）降温池一般设于室外。当受条件限制需设在室内时，水池应作密闭处理，并设置人孔和通向室外的通气管。

（6）间断排水的降温池，其容积应按最大一次排水量和所需冷却水量总和计算。连续排水的降温池，其容积应保证冷却水充分混合的需要。

一般小型锅炉房均为定期排污，应按间断排水的降温池计算。

3. 排污降温池容积

（1）总容积 $V_总$

$$V_总 = V_1 + V_2 + V_3$$

$$= \frac{Q - Kq}{\rho} + \frac{t_2 - t_y}{t_y - t_e} V_1 K_1 + V_3$$

$$= \frac{Q - K \dfrac{QC(t_1 - t_2)}{\gamma}}{\rho} + \frac{t_2 - t_y}{t_y - t_e} V_1 K_1 + V_3$$

式中　$V_总$——排污降温池的总容积，m^3；

　　　V_1——进入排污降温池的热水量，m^3；

　　　V_2——进入排污降温池的冷却水量，m^3；

　　　V_3——保护层容积，m^3；一般按保护层高度 0.3～0.5m 计算；

　　　Q——最大一次排水量，kg；一般按锅炉总蒸发量的 6.5%计；

　　　K——安全系数，取 0.8；

　　　C——水的比热容，kJ/(kg·℃)；$C = 4.187$kJ/(kg·℃)；

　　　t_1——锅炉工作压力下排污水的温度，℃；

　　　t_2——大气压力下排污水的温度，℃；一般按 100℃采用；

　　　γ——大气压力下干饱和蒸汽的汽化热，kJ/kg；

ρ——最高排水压力时水的密度，kg/m^3；

t_y——允许进入排水管道的水温，℃；排入城市管网时按40℃计；

t_e——冷却水温度，℃；

K_1——混合不均匀系数，取1.5。

（2）有效容积$V_有$

$$V_有 = V_1 + V_2$$

式中　$V_有$——排污降温池的有效容积，m^3；根据定期排污量确定排污降温池的有效容积。

4. 锅炉排污降温池选用表

（1）国家标准图集《小型排水构筑物》（04S519）

1）用于中小型锅炉房的定期排污。

2）锅炉排污降温池有六种型号，按锅炉定期排污量选用，详见表5-8（1～3型）、表5-9（4～6型）。

3）锅炉排污降温池仅按钢筋混凝土池设计。

锅炉排污降温池选用表（1～3型）　　　　　　　　表5-8

锅炉排污降温池型号	锅炉定期排污量（m^3/班）	有效容积（m^3）	顶面活荷载	地下水情况	钢筋混凝土池
1型	0.13	1.84	不过车	无	GP-1
				有	GP-1S
			可过车	无	GP-1Q
				有	GP-1SQ
2型	0.26	2.63	不过车	无	GP-2
				有	GP-2S
			可过车	无	GP-2Q
				有	GP-2SQ
3型	0.39	4.86	不过车	无	GP-3
				有	GP-3S
			可过车	无	GP-3Q
				有	GP-3SQ

锅炉排污降温池选用表（4～6型）　　　　　　　　表5-9

锅炉排污降温池型号	锅炉定期排污量（m^3/班）	有效容积（m^3）	顶面活荷载	地下水情况	钢筋混凝土池
4型	0.65	7.20	不过车	无	GP-4
				有	GP-4S
			可过车	无	GP-4Q
				有	GP-4SQ
5型	0.98	10.80	不过车	无	GP-5
				有	GP-5S
			可过车	无	GP-5Q
				有	GP-5SQ
6型	1.30	13.50	不过车	无	GP-6
				有	GP-6S
			可过车	无	GP-6Q
				有	GP-6SQ

（2）《建筑设备施工安装通用图集—排水工程》（91SB4）（1991）

1）砖砌池结构尺寸见表5-10。

2）附图

1号砖砌排污降温池见图5-1；

2、3号砖砌排污降温池见图5-2；

4～6号砖砌排污降温池见图5-3。

砖砌池结构尺寸 　表5-10

砖砌降温池		有效容积（m³）	结构尺寸（mm）					
适用范围	型号		L	H	L_1	B	B_1	D
用于有地下水和无地下水	1	2.00	3420	2250～3050	1200	2180	1200	300
	2	4.00	5700	2250～3050	1000	2180	1200	300
	3	6.50	5700	2250～3050	1000	2980	2000	400
	4	9.00	6750	2250～3050	1350	2980	2000	500
	5	10.00	7200	2250～3050	1500	2980	2000	600
	6	14.50	7650	2250～3050	1650	3480	2500	700

（3）《建筑设备施工安装通用图集—排水工程》（91SB4-1）（2005）

1）砖砌池结构尺寸见表5-11。

2）附图

1、2号砖砌排污降温池见图5-4；

3～5号砖砌排污降温池见图5-5。

砖砌排污降温池结构尺寸一览表 　表5-11

型号	有效容积（m³）	结构尺寸（mm）													
		H	h	H_1	H_2	H_3	H_0	B	B_1	B_2	L	L_1	L_2	D	Φ
1	2.0	1800～2100	800～1100	1000	800	1200		1990	1250	150	4560	1000	700	200	225
2	3.0	2100～2400	800～1100	1400	1200	1400		1990	1250	150	4560	1000	700	200	225
3	5.0	2500～2900	1000～1400	1500	1300	1600		2480	1500	200	5400	1000	900	300	325
4	7.5	2500～2900	1000～1400	1500	1300	1600		2980	2000	250	5700	1000	1000	400	426
5	10.0	2500～2900	1000～1400	1500	1300	1600		2980	2000	250	6750	1000	1350	400	426

（4）88S238锅炉排污降温池国家标准图集（废止）

88S238（二）锅炉排污降温池（砖砌溢流式）

88S238（四）锅炉排污降温池（砖砌虹吸式）

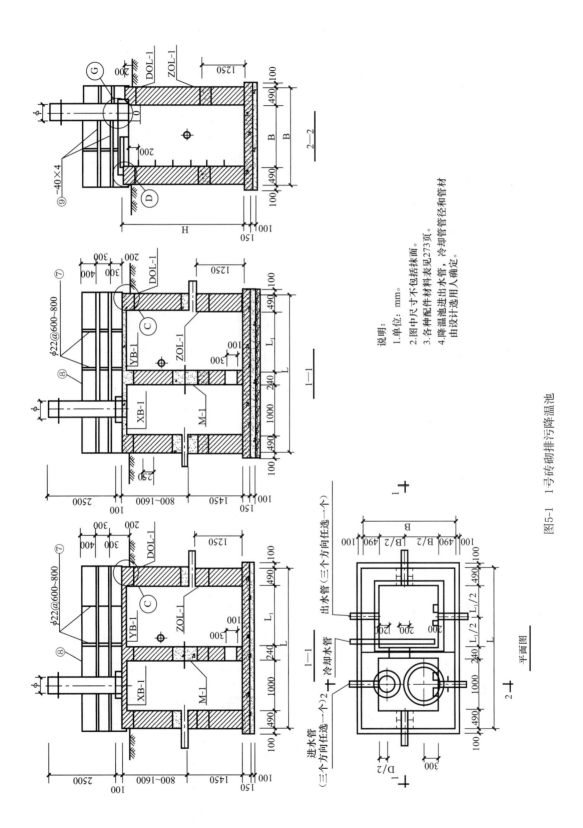

说明：
1. 单位：mm。
2. 图中尺寸不包括抹面。
3. 各种配件材料表见273页。
4. 降温池进出水管，冷却管管径和管材由设计选用人确定。

图5-1　1号砖砌排污降温池

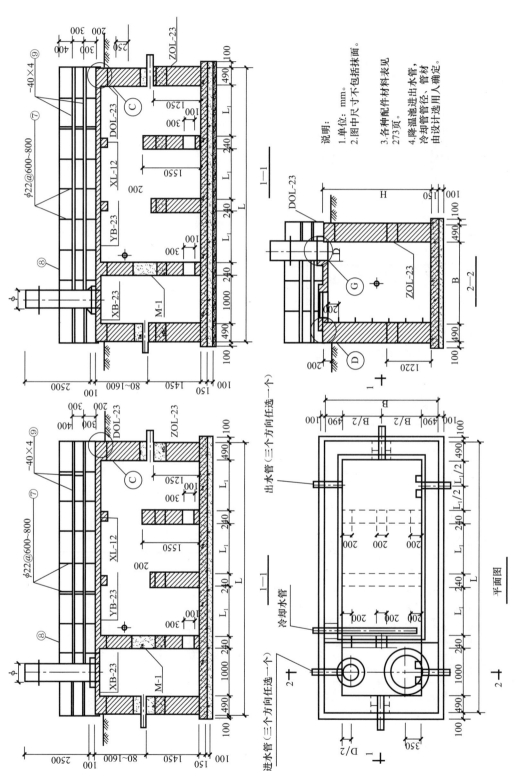

说明:
1. 单位: mm。
2. 图中尺寸不包括抹面。
3. 各种配件材料表见273页。
4. 降温池进出水管、冷却管管径、管材由设计选用人确定。

图5-2 2、3号砖砌排污降温池

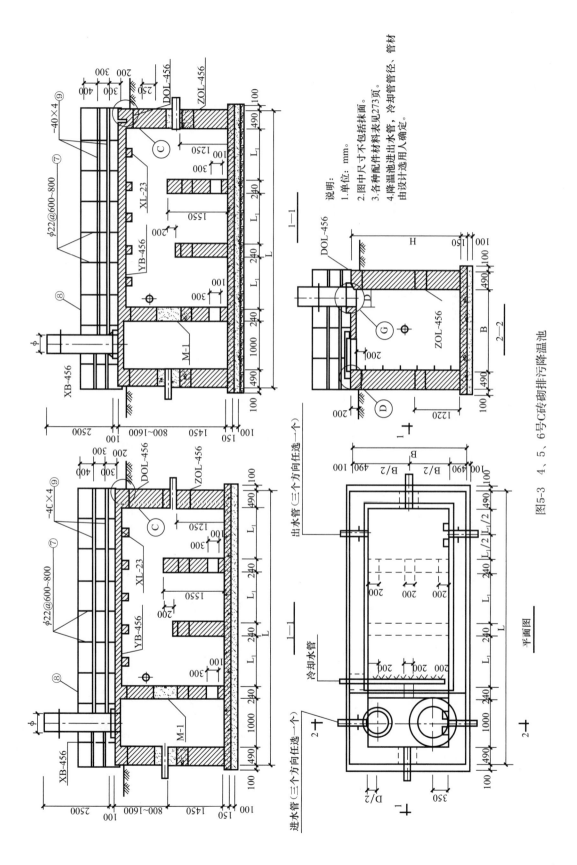

说明:
1. 单位: mm。
2. 图中尺寸不包括抹面。
3. 各种配件材料表见273页。
4. 降温池进出水管、冷却管管径、管材由设计选用人确定。

图5-3　4、5、6号C砖砌排污降温池

87

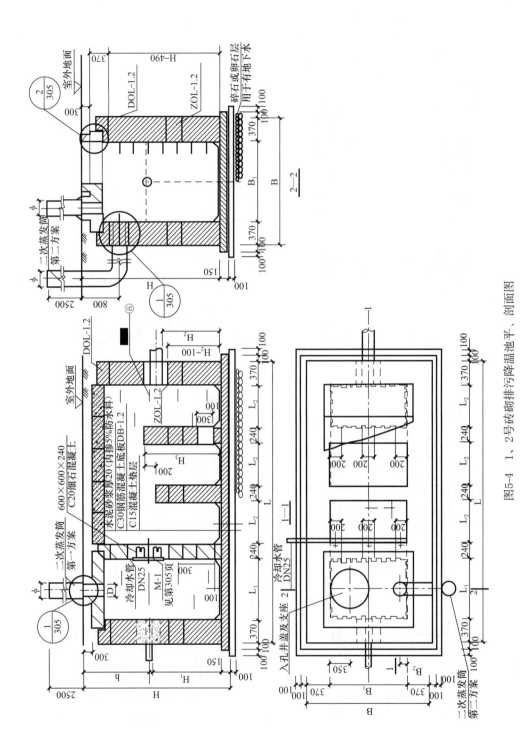

图5-4　1、2号砖砌排污降温池池平、剖面图

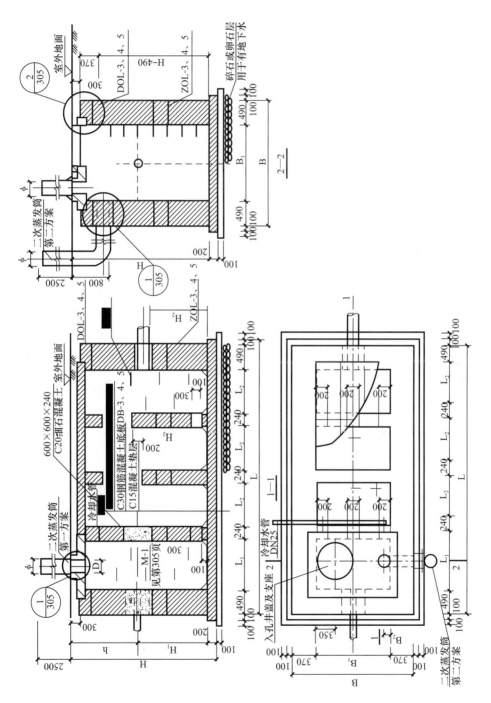

图5-5 3、4、5号砖砌排污降温池平、剖面图

5. 锅炉排污降温池选型

图 5-6 1 型-2 型钢筋混凝土锅炉排污降温池、图 5-7 3 型-6 型钢型混凝土锅炉排污降温池属隔板式降温池，图 5-8 属虹吸式降温池。其中隔板式适用于有冷却废水的场合，摘自《小型排水构筑物》04S519/209-210 钢筋混凝土锅炉排污降温池（1 型-2 型、3 型-6 型）；虹吸式适用于冷却废水较少主要靠自来水冷却降温的场合，摘自《给水排水设计手册》（第二版）第 2 册《建筑给水排水》。

5.4 化粪池

1. 化粪池设置原则和要求

（1）化粪池设置原则

1）严格分流地区，且市政管网收集系统完善原则上可不设化粪池。但当城镇没有污水处理厂或污水处理厂尚未建成投入运行时，粪便污水应经化粪池处理后方可排入城镇排水管网。

2）当大、中城市设有污水处理厂但排水管网管线较长时，为了防止管道内淤积，粪便污水应经化粪池处理后再排入城市排水管网。

3）城市排水管网为合流制系统时，粪便污水应经化粪池处理后再排入城市合流制排水管网。

4）所有医疗卫生区域排出的粪便污水须先经化粪池预处理，污水在化粪池内的停留时间不宜小于 36h。

5）当城市排水管网对排水水质有一定要求时，粪便污水须经化粪池预处理，处理后的水质仍达不到排放标准时，应进一步采用生活污水处理措施。

（2）化粪池设置要求

1）化粪池宜设置在接户管的下游端，便于机动车清掏的位置。

2）依据《生活饮用水卫生标准》GB 5749—85[①] 的规定：

① 生活饮用水的水源，必须设置卫生防护地带；

② 当水源为地面水体时，取水点上游 1000m 至下游 100m 的水域，不得排入工业废水和生活污水，其沿岸防护范围内不得堆放废渣；

水厂生产区外围不小于 10m 范围内不得设置生活居住区和修建禽畜饲养场、渗水厕所、渗水坑，不得堆放垃圾、粪便、废渣或铺设污水管道；

③ 以地下水为水源时，在单井或井群的影响半径范围内，不得使用工业废水或生活污水灌溉，不得修建渗水厕所、渗水坑、堆放废渣或铺设污水管道；

水井周围 30m 范围内，不得设置渗水厕所、渗水坑、粪坑、垃圾堆和废渣等污染源。

④ 池外壁距建筑物外墙不宜小于 5m，并不得影响建筑物基础。

⑤ 当受条件限制化粪池设置于建筑物内时，应采取通气、防臭和防爆措施。

注：①《生活饮用水卫生标准》GB 5749—85 生活饮用水水源水质卫生要求：采用地表水为集中式生活饮用水水源时按照 GB 3838 执行；采用地下水为生活饮用水水源时按照 GB/T 14848 执行。

3）化粪池的埋置深度根据进水管的标高确定。

4）含油污水不得进入化粪池，以免影响腐化发酵效果。

5）医疗区内的化粪池应设在消毒池之前。

2. 化粪池选用技术条件

（1）确定建筑内粪便污水与生活废水合流或粪便污水单独排放，根据不同类型建筑

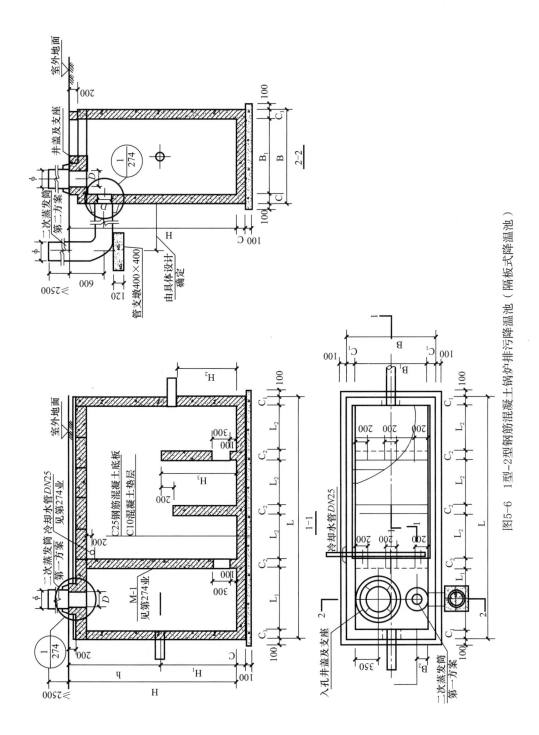

图5-6 1型L-2型钢筋混凝土锅炉排污降温池（隔板式降温池）

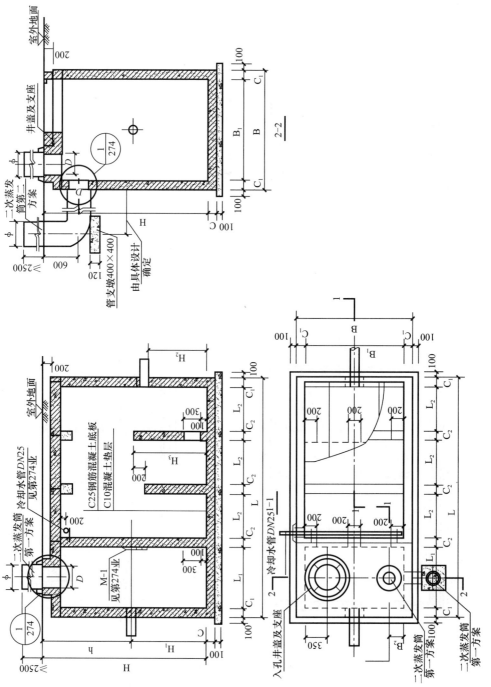

图5-7 3型-6型钢筋混凝土锅炉排污降温池（隔板式降温池）

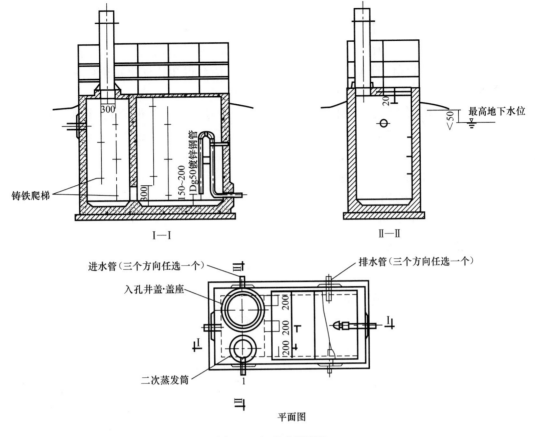

图 5-8 虹吸式降温池

物、不同用水量标准、不同清掏周期确定化粪池设计总人数。

（2）应考虑工程地质情况和地下水位深度。无地下水指地下水位在池底以下，有地下水指地下水位在池底以上，最高达设计地面以下 0.5m 处。

（3）应考虑池顶地面是否过汽车：

1）砖砌化粪池顶面不过汽车时的活荷载标准值为 10kN/m²，顶面可过汽车时的活荷载标准值为汽车-10 级重车。

2）钢筋混凝土化粪池顶面不过汽车时的活荷载标准值为 10kN/m²，顶面可过汽车时的活荷载标准值为汽车-超 20 级重车。

（4）当施工场地狭窄，不便开挖或开挖会影响邻近建筑物安全时，可选用沉井式化粪池。

（5）化粪池分无覆土和有覆土两种。在寒冷地区，当采暖计算温度低于−10℃时，必须采用覆土化粪池。

（6）化粪池均应设通气管。

3. 化粪池总容积计算式

（1）《给水排水设计手册》这一大型实用工具书发展史

1）中国工业出版社于 1968 年出版发行：第三册《室内给水排水及热水供应》；

2）中国建筑工业出版社于 1974 年出版发行：第三册《室内给水排水与热水供应》；

3）中国建筑工业出版社于 1986 年出版发行：（原第一版）第 2 册《室内给水排水》；

4）中国建筑工业出版社于 2001 年出版发行：第二版第 2 册《建筑给水排水》；

5）中国建筑工业出版社于 2012 年出版发行：第三版第 2 册《建筑给水排水》。

翻阅以上过往及现行的《给水排水设计手册》，便会得知计算化粪池总容积采用公式一模一样，只是式中各项表述愈来愈丰富、更为细化。

（2）2012 年出版的现行《给水排水设计手册》（即第三版），其化粪池总容积计算如下：

$$V = V_1 + V_2 + V_3$$

式中　V——化粪池总容积，m^3；

　　　V_1——污水部分容积，m^3；

　　　V_2——污泥部分容积，m^3；

　　　V_3——保护容积，m^3。

1）污水部分容积 V_1：

$$V_1 = \frac{Nqt}{24 \times 1000}$$

式中　V_1——污水部分容积，m^3；

　　　N——化粪池实际使用人数，为总人数乘以 $\alpha(\%)$，α 值与建筑物类型有关，见表 5-12；

实际使用人数与总人数的百分比　　　　　　　　　　表 5-12

建筑物类型	α 值（%）
医院、疗养院、幼儿园（有住宿）	100
住宅、集体宿舍、旅馆	70
办公楼、教学楼、工业企业生活间	40
职工食堂、餐饮业、影剧院、体育场（馆）、商场及其他场所（按座位）	5～10

　　　t——污水在化粪池中的停留时间，根据污水量大小选用 12～24h；当污水量较小或粪便污水单独排放时，选用上限值，反之可选用下限值；

　　　q——每人每天的生活污水量，L/（人·d）；当生活污水与生活废水合流排出时为生污水量的 0.85～0.95。如果粪便污水单独排出时取 15～20L/（人·d）；当不同污水量定额的建筑物共用一个化粪池时，q 值可按以下公式计算。

$$q = \Sigma(q_n N_n)/\Sigma N_n$$

式中　q_n——各类建筑物污水量定额，L/（人·d）；

　　　N_n——相应建筑物污水量定额的实际使用人数，人。

2）污泥部分容积 V_2：

$$V_2 = \frac{\alpha NT(1.00 - b)K \times 1.2}{(1.00 - C) \times 1000}$$

式中　V_2——污泥部分容积，m^3；

　　　α——每人每天污泥量，L/（人·d）；见表 5-13；

化粪池每人每天污泥量 α [L/（人·d）]　　　　　　　　表 5-13

建筑物类型	生活污水与生活废水合流排入	生活污水单独排入
有住宿的建筑物	0.7	0.4

建筑物类型	生活污水与生活废水合流排入	生活污水单独排入
人员逗留时间大于4h并小于等于10h的建筑物	0.3	0.2
人员逗留时间小于等于4h的建筑物	0.1	0.07

N——化粪池实际使用人数，为总人数乘以 α(%)，同上；

T——污泥清掏周期，d；根据污水温度和当地气候条件等因素，宜采用 3～12 个月，当污水温度和当地气温均较高时取下限值，反之取上限值；

b——进入化粪池中新鲜污泥的含水率，按 95% 计；

K——污泥发酵后体积缩减系数，宜取 0.8；

C——化粪池中发酵浓缩后污泥含水率，按 90% 计；

1.2——清掏污泥后按照遗留 20% 熟污泥量的容积系数。

3）保护容积 V_3：根据化粪池容积大小，按照保护层高度为 250～450mm 设计。

4. 单个化粪池容积确定

依据中国建筑工业出版社于 2012 年出版发行的《给水排水设计手册》（第三版）第 2 册《建筑给水排水》：

（1）当进入化粪池的污水量小于或等于 10m³/d 时，宜选用双格化粪池。其中第一格容积宜占总容积的 75%。

（2）当进入化粪池的污水量大于 10m³/d 时，宜采用三格化粪池。第一格容积宜占总容积的 60%，第二、三格容积宜各占 20%。

（3）化粪池最小容积为 2.0m³ 时，化粪池可选用圆形（又称化粪井）双格连通型。每格有效直径不小于 1.0m，两格容积相等。

5. 化粪池选型

给水排水标准图集《砖砌化粪池》（02S701）、《钢筋混凝土化粪池》（03S702）已经列出各种类型和规格的化粪池定型图，其规格从 2～100m³。只需按照下述步骤从中选用即可。

（1）设计参数的选取

1）实际使用人数的选定：一般情况下设计总人数，应由建设单位（用户）提供，再乘以 α 值即可得出实际使用人数值。

2）污水停留时间：污水停留时间的长短反映污水的消化程度。停留时间越长，消化效果越好。有条件时，宜选用停留时间较长的数值。

3）污泥清掏周期：污泥清掏周期是由污泥腐化周期决定的。污泥清掏周期与环境温度有关，环境平均温度越高，污泥腐化周期越短；反之越长。为此，一般规定在我国南方地区污泥清掏周期可以短一些，采用 90d；过渡地区长一些，采用 180d；我国北方地区要求长达 360d。

4）化粪池容积：为了节省投资和减少占地，化粪池容积不宜过大。

（2）相关因素

1）根据化粪池周围环境要求（如是否允许渗漏）和当地材料供应情况及工期要求，确定采用砖、钢筋混凝土或玻璃钢材料。

2）根据化粪池进水管标高确定化粪池埋置深度。

3）根据当地气温条件决定采用池顶覆土或不覆土。

4）根据当地地下水位（高于或低于化粪池池底）和池顶过车与否采用相应化粪池类型。

（3）选型

1）粪便污水和生活废水合流排入化粪池

最大允许实际使用人数［污泥量：0.7L/（人·d）］见表5-14。

最大允许实际使用人数［污泥量：0.7L/（人·d）］　表5-14

污水量定额［L/（人·d）］	污水停留时间（h）	污泥清挖周期（d）	容积编号													隔墙过水孔高度代号
			1号	2号	3号	4号	5号	6号	7号	8号	9号	10号	11号	12号	13号	
			有效容积（m³）													
			2	4	6	9	12	16	20	25	30	40	50	75	100	
1	2	3	4	5	6	7	8	9	10	11	12	13	14	15	16	17
500	12	90	7	14	21	32	43	57	71	89	107	143	178	268	357	
		180	6	13	19	29	39	52	64	81	97	129	161	242	322	
		360	5	11	16	24	32	43	54	67	81	108	135	202	270	
	24	90	4	8	11	17	23	30	38	47	57	75	94	141	189	
		180	4	7	11	16	21	29	36	45	54	71	89	134	178	
		360	3	6	10	14	19	26	32	40	48	64	81	121	161	
400	12	90	9	17	26	39	52	69	87	109	130	174	217	326	434	
		180	8	15	23	35	46	61	77	96	115	154	192	288	384	
		360	6	12	19	28	37	50	62	78	93	125	156	234	312	
	24	90	5	9	14	21	28	37	46	58	70	93	116	174	232	
		180	4	9	13	20	26	35	43	54	65	87	109	164	217	
		360	4	8	12	17	23	31	38	48	58	77	96	144	192	
300	12	90	11	22	33	50	67	89	111	139	166	222	277	416	555	A
		180	10	19	29	43	57	76	95	119	143	190	238	356	475	
		360	7	15	22	33	44	59	74	92	111	148	185	277	369	
	24	90	6	12	18	27	36	48	61	76	91	121	151	227	303	
		180	6	11	17	25	33	44	55	69	83	111	139	208	277	
		360	5	10	14	21	29	38	48	59	71	95	119	178	238	
250	12	90	13	26	39	58	77	103	129	161	193	258	322	483	644	
		180	11	22	32	49	65	86	108	135	162	216	270	404	539	
		360	8	16	24	37	49	65	81	102	122	163	203	305	407	
	24	90	7	14	21	32	43	57	71	89	107	143	178	268	357	
		180	6	13	19	29	39	52	64	81	97	129	161	242	322	
		360	5	11	16	24	32	43	54	67	81	108	135	202	270	
200	12	90	15	31	40	69	92	123	154	192	230	307	384	576	768	
		180	12	25	37	56	75	100	125	156	187	249	312	467	623	
		360	9	18	27	41	54	72	91	113	136	181	226	339	453	
	24	90	9	17	26	39	52	69	87	109	130	174	217	326	434	
		180	8	15	23	35	46	61	77	96	115	154	192	288	384	
		360	6	12	19	28	37	50	62	78	93	125	156	234	312	

污水量定额 [L/(人·d)]	污水停留时间 (h)	污泥清挖周期 (d)	1号	2号	3号	4号	5号	6号	7号	8号	9号	10号	11号	12号	13号	隔墙过水孔高度代号
			2	4	6	9	12	16	20	25	30	40	50	75	100	
1	2	3	4	5	6	7	8	9	10	11	12	13	14	15	16	17
150	12	90	19	38	57	86	114	152	190	238	285	380	475	713	950	A
		180	15	30	44	66	89	118	148	185	221	295	369	554	738	A
		360	10	20	31	46	61	82	102	128	153	204	255	383	510	B
	24	90	11	22	33	50	67	89	111	139	166	222	277	416	555	A
		180	10	19	29	43	57	76	95	119	143	190	238	356	475	A
		360	7	15	22	33	44	59	74	92	111	148	185	277	369	A
125	12	90	22	43	65	97	129	173	216	270	323	431	539	809	1078	A
		180	16	33	49	73	98	130	163	203	244	325	407	610	813	A
		360	11	22	33	49	65	87	109	136	164	218	273	409	545	B
	24	90	12	25	37	56	75	100	125	156	187	250	312	468	624	A
		180	11	22	32	49	65	86	108	135	162	216	270	404	539	A
		360	8	16	24	37	49	65	81	101	122	163	203	305	407	A
100	12	90	25	50	75	112	150	199	249	312	374	499	623	935	1246	A
		180	18	36	54	81	109	145	181	226	272	362	453	679	905	A
		360	12	23	35	52	69	93	116	145	178	234	292	439	585	B
	24	90	15	31	46	69	92	123	154	192	230	307	384	576	768	A
		180	12	25	37	56	75	100	125	156	187	249	312	467	623	A
		360	9	18	27	41	54	72	91	113	136	181	226	339	453	A
50	12	90	36	72	109	163	217	290	362	453	543	724	905	1358	1810	B
		180	23	46	69	104	139	185	231	289	351	468	585	877	1170	B
		360	12	23	35	52	69	93	116	145	198	265	331	496	661	B
	24	90	25	50	75	112	150	199	249	312	374	499	623	935	1246	A
		180	18	36	54	81	109	145	181	226	272	362	453	679	905	A
		360	12	23	35	52	69	93	116	145	175	234	292	439	585	A
35	12	90	42	84	126	189	251	335	419	524	628	838	1047	1571	2095	B
		180	23	46	69	104	139	185	231	289	385	513	641	962	1282	B
		360	12	23	35	52	69	93	116	145	198	265	331	496	661	B
	24	90	31	61	92	138	184	245	307	383	460	613	766	1150	1533	A
		180	21	42	63	94	126	168	209	262	314	419	524	786	1047	B
		360	12	23	35	52	69	93	116	145	192	256	321	481	641	B
25	12	90	46	93	139	208	278	370	463	579	702	936	1170	1755	2340	B
		180	23	46	69	104	139	185	231	289	397	529	661	992	1323	B
		360	12	23	35	52	69	93	116	145	198	265	331	496	661	B
	24	90	36	72	109	163	217	290	362	453	543	724	905	1358	1810	A
		180	23	46	69	104	139	185	231	289	351	468	585	877	1170	A
		360	12	23	35	52	69	93	116	145	198	265	331	496	661	A

污水量定额 [L/(人·d)]	污水停留时间 (h)	污泥清挖周期 (d)	容积编号													隔墙过水孔高度代号
			1号	2号	3号	4号	5号	6号	7号	8号	9号	10号	11号	12号	13号	
			有效容积 (m³)													
			2	4	6	9	12	16	20	25	30	40	50	75	100	
1	2	3	4	5	6	7	8	9	10	11	12	13	14	15	16	17
20	12	90	46	93	139	208	278	370	463	579	745	994	1243	1864	2485	B
		180	23	46	69	104	139	185	231	289	397	529	661	992	1323	
		360	12	23	35	52	69	93	116	145	198	265	331	496	661	
	24	90	40	80	119	179	239	318	398	498	597	796	995	1493	1990	
		180	23	46	69	104	139	185	231	289	373	497	621	932	1243	
		360	12	23	35	52	69	93	116	145	198	265	331	496	661	
10	12	90	46	93	139	208	278	370	463	579	794	1058	1323	1984	2645	B
		180	23	46	69	104	139	185	231	289	397	529	661	992	1323	
		360	12	23	35	52	69	93	116	145	198	265	331	496	661	
	24	90	46	93	139	208	278	370	463	579	746	994	1243	1864	2485	
		180	23	46	69	104	139	185	231	289	397	529	661	992	1323	
		360	12	23	35	52	69	93	116	145	198	265	331	496	661	

注：本表摘自《给水排水设计手册》（第二版）第 2 册《建筑给水排水》表 10-28。

2）粪便污水单独排入化粪池

最大允许实际使用人数［污泥量：0.4L/（人·d）］见表 5-15。

表 5-15

最大允许实际使用人数［污泥量：0.4L/（人·d）］

污水量定额 [L/(人·d)]	污水停留时间 (h)	污泥清挖周期 (d)	容积编号													隔墙过水孔高度代号
			1号	2号	3号	4号	5号	6号	7号	8号	9号	10号	11号	12号	13号	
			有效容积 (m³)													
			2	4	6	9	12	16	20	25	30	40	50	75	100	
1	2	3	4	5	6	7	8	9	10	11	12	13	14	15	16	17
30	12	90	62	124	186	279	372	496	620	774	929	1239	1549	2323	3098	A
		180	40	81	121	182	242	323	404	504	605	807	1009	1513	2018	B
		360	20	41	61	91	122	162	203	253	347	463	579	868	1157	
	24	90	42	85	127	190	254	338	423	529	635	846	1058	1586	2115	A
		180	31	62	93	139	186	248	310	387	465	620	774	1162	1549	
		360	20	40	61	91	121	161	202	252	303	404	504	757	1009	
20	12	90	73	147	220	330	440	587	733	916	1100	1466	1833	2749	3666	B
		180	40	81	122	182	243	324	405	506	673	898	1122	1683	2244	
		360	20	41	61	91	122	162	203	253	347	403	579	868	1157	
	24	90	54	107	161	241	322	429	536	671	805	1073	1341	2012	2682	A
		180	37	73	110	165	220	293	367	458	550	733	916	1375	1833	B
		360	20	41	61	91	122	162	203	253	337	449	561	842	1122	

注：本表摘自《给水排水设计手册》（第二版）第 2 册《建筑给水排水》表 10-29。

6. 化粪池型号

（1）化粪池标注代号

标准图集中化粪池型号与标注代号对照见表 5-16。

序号	池 号	1号	2号	3号	4号	5号	6号	7号	8号	9号	10号	11号	12号	13号
1	标注代号	1	2	3	4	5	6	7	8	9	10	11	12	13
2	有效容积（m³）	2	4	6	9	12	16	20	25	30	40	50	75	100
	标注代号	2	4	6	9	12	16	20	25	30	40	50	75	100
3	隔墙过水孔高度	低孔位						高孔位						
	标注代号	A						B						
4	地下水	无地下水						有地下水						
	标注代号	0						1						
5	地面活荷载	不过汽车						可过汽车						
	标注代号	0						1						

标准图集中化粪池型号与标注代号对照　　　　　表 5-16

注：本表摘自《给水排水设计手册》（第二版）第 2 册《建筑给水排水》表 10-30。

（2）化粪池型号的含意

选型示例：13-100B11，表示池号 13 号，有效容积 100m³，隔墙过水孔高度为高孔位，有地下水，可过汽车的化粪池。

（3）化粪池系列型号选用见以下表列：

砖砌化粪池（不覆土）型号见表 5-17；

砖砌化粪池（覆土）型号见表 5-18；

钢筋混凝土化粪池（不覆土）型号见表 5-19；

钢筋混凝土化粪池（覆土）型号见表 5-20。

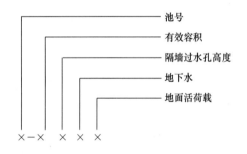

池号
有效容积
隔墙过水孔高度
地下水
地面活荷载

× - × × × ×

砖砌化粪池（不覆土）型号　　　　　表 5-17

图集号	池号	有效容积（m³）	无地下水				有地下水			
			地面不过汽车		地面可过汽车		地面不过汽车		地面可过汽车	
			孔位 A	孔位 B	孔位 A	孔位 B	孔位 A	孔位 B	孔位 A	孔位 B
92S213（一）	1	2	1-2A00	1-2B00	1-2A01	1-2B01	1-2A10	1-2B10	1-2A11	1-2B11
	2	4	2-4A00	2-4B00	2-4A01	2-4B01	2-4A10	2-4B10	2-4A11	2-4B11
	3	6	3-6A00	3-6B00	3-6A01	3-6B01	3-6A10	3-6B10	3-6A11	3-6B11
	4	9	4-9A00	4-9B00	4-9A01	4-9B01	4-9A10	4-9B10	4-9A11	4-9B11
	5	12	5-12A00	5-12B00	5-12A01	5-12B01	5-12A10	5-12B10	5-12A11	5-12B11
92S213（二）	6	16	6-16A00	6-16B00	6-16A01	6-16B01	6-16A10	6-16B10	6-16A11	6-16B11
	7	20	7-20A00	7-20B00	7-20A01	7-20B01	7-20A10	7-20B10	7-20A11	7-20B11
	8	25	8-25A00	8-25B00	8-25A01	8-25B01	8-25A10	8-25B10	8-25A11	8-25B11
	9	30	9-30A00	9-30B00	9-30A01	9-30B01	9-30A10	9-30B10	9-30A11	9-30B11
	10	40	10-40A00	10-40B00	10-40A01	10-40B01	10-40A10	10-40B10	10-40A11	10-40B11
	11	50	11-50A00	11-50B00	11-50A01	11-50B01	11-50A10	11-50B10	11-50A11	11-50B11

注：本表摘自《给水排水设计手册》（第二版）第 2 册《建筑给水排水》表 10-31。

砖砌化粪池（覆土）型号　　表 5-18

图集号	池号	有效容积(m³)	无地下水				有地下水			
			地面不过汽车		地面可过汽车		地面不过汽车		地面可过汽车	
			孔位A	孔位B	孔位A	孔位B	孔位A	孔位B	孔位A	孔位B
92S213（三）	1	2	1-2A00	1-2B00	1-2A01	1-2B01	1-2A10	1-2B10	1-2A11	1-2B11
	2	4	2-4A00	2-4B00	2-4A01	2-4B01	2-4A10	2-4B10	2-4A11	2-4B11
	3	6	3-6A00	3-6B00	3-6A01	3-6B01	3-6A10	3-6B10	3-6A11	3-6B11
	4	9	4-9A00	4-9B00	4-9A01	4-9B01	4-9A10	4-9B10	4-9A11	4-9B11
	5	12	5-12A00	5-12B00	5-12A01	5-12B01	5-12A10	5-12B10	5-12A11	5-12B11
92S213（四）	6	16	6-16A00	6-16B00	6-16A01	6-16B01	6-16A10	6-16B10	6-16A11	6-16B11
	7	20	7-20A00	7-20B00	7-20A01	7-20B01	7-20A10	7-20B10	7-20A11	7-20B11
	8	25	8-25A00	8-25B00	8-25A01	8-25B01	8-25A10	8-25B10	8-25A11	8-25B11
	9	30	9-30A00	9-30B00	9-30A01	9-30B01	9-30A10	9-30B10	9-30A11	9-30B11
	10	40	10-40A00	10-40B00	10-40A01	10-40B01	10-40A10	10-40B10	10-40A11	10-40B11
	11	50	11-50A00	11-50B00	11-50A01	11-50B01	11-50A10	11-50B10	11-50A11	11-50B11
	12	75	12-75A00	12-75B00	12-75A01	12-75B01	12-75A10	12-75B10	12-75A11	12-75B11
	13	100	13-100A00	13-100B00	13-100A01	13-100B01	13-100A10	13-100B10	13-100A11	13-100B11
92S213（五）	12双	75	12双-75A00	12双-75B00	12双-75A01	12双-75B01	12双-75A10	12双-75B10	12双-75A11	12双-75B11
	13双	100	13双-100A00	13双-100B00	13双-100A01	13双-100B01	13双-100A10	13双-100B10	13双-100A11	13双-100B11

注：本表摘自《给水排水设计手册》（第二版）第 2 册《建筑给水排水》表 10-32。

钢筋混凝土化粪池（不覆土）型号　　表 5-19

图集号	池号	有效容积(m³)	无地下水				有地下水			
			地面不过汽车		地面可过汽车		地面不过汽车		地面可过汽车	
			孔位A	孔位B	孔位A	孔位B	孔位A	孔位B	孔位A	孔位B
92S214（一）	1	2	1-2A00	1-2B00	1-2A01	1-2B01	1-2A10	1-2B10	1-2A11	1-2B11
	2	4	2-4A00	2-4B00	2-4A01	2-4B01	2-4A10	2-4B10	2-4A11	2-4B11
	3	6	3-6A00	3-6B00	3-6A01	3-6B01	3-6A10	3-6B10	3-6A11	3-6B11
	4	9	4-9A00	4-9B00	4-9A01	4-9B01	4-9A10	4-9B10	4-9A11	4-9B11
	5	12	5-12A00	5-12B00	5-12A01	5-12B01	5-12A10	5-12B10	5-12A11	5-12B11
92S214（二）	6	16	6-16A00	6-16B00	6-16A01	6-16B01	6-16A10	6-16B10	6-16A11	6-16B11
	7	20	7-20A00	7-20B00	7-20A01	7-20B01	7-20A10	7-20B10	7-20A11	7-20B11
	8	25	8-25A00	8-25B00	8-25A01	8-25B01	8-25A10	8-25B10	8-25A11	8-25B11
	9	30	9-30A00	9-30B00	9-30A01	9-30B01	9-30A10	9-30B10	9-30A11	9-30B11
	10	40	10-40A00	10-40B00	10-40A01	10-40B01	10-40A10	10-40B10	10-40A11	10-40B11
	11	50	11-50A00	11-50B00	11-50A01	11-50B01	11-50A10	11-50B10	11-50A11	11-50B11

注：本表摘自《给水排水设计手册》（第二版）第 2 册《建筑给水排水》表 10-33。

图集号	池号	有效容积(m³)	无地下水				有地下水			
			地面不过汽车		地面可过汽车		地面不过汽车		地面可过汽车	
			孔位 A	孔位 B	孔位 A	孔位 B	孔位 A	孔位 B	孔位 A	孔位 B
92S214(三)	1	2	1-2A00	1-2B00	1-2A01	1-2B01	1-2A10	1-2B10	1-2A11	1-2B11
	2	4	2-4A00	2-4B00	2-4A01	2-4B01	2-4A10	2-4B10	2-4A11	2-4B11
	3	6	3-6A00	3-6B00	3-6A01	3-6B01	3-6A10	3-6B10	3-6A11	3-6B11
	4	9	4-9A00	4-9B00	4-9A01	4-9B01	4-9A10	4-9B10	4-9A11	4-9B11
	5	12	5-12A00	5-12B00	5-12A01	5-12B01	5-12A10	5-12B10	5-12A11	5-12B11
92S214(四)	6	16	6-16A00	6-16B00	6-16A01	6-16B01	6-16A10	6-16B10	6-16A11	6-16B11
	7	20	7-20A00	7-20B00	7-20A01	7-20B01	7-20A10	7-20B10	7-20A11	7-20B11
	8	25	8-25A00	8-25B00	8-25A01	8-25B01	8-25A10	8-25B10	8-25A11	8-25B11
	9	30	9-30A00	9-30B00	9-30A01	9-30B01	9-30A10	9-30B10	9-30A11	9-30B11
	10	40	10-40A00	10-40B00	10-40A01	10-40B01	10-40A10	10-40B10	10-40A11	10-40B11
	11	50	11-50A00	11-50B00	11-50A01	11-50B01	11-50A10	11-50B10	11-50A11	11-50B11
	12	75	12-75A00	12-75B00	12-75A01	12-75B01	12-75A10	12-75B10	12-75A11	12-75B11
	13	100	13-100A00	13-100B00	13-100A01	13-100B01	13-100A10	13-100B10	13-100A11	13-100B11
92S214(五)	12双	75	12双-75A00	12双-75B00	12双-75A01	12双-75B01	12双-75A10	12双-75B10	12双-75A11	12双-75B11
	13双	100	13双-100A00	13双-100B00	13双-100A01	13双-100B01	13双-100A10	13双-100B10	13双-100A11	13双-100B11

注：本表摘自《给水排水设计手册》（第二版）第 2 册《建筑给水排水》表 10-34。

5.5　玻璃钢化粪池和地埋式一体化污水处理设备

1. 玻璃钢化粪池

（1）概述

玻璃钢化粪池系指玻璃钢化粪池和玻璃钢整体生物化粪池，是近几年才兴起的一种新型池子。之所以称为玻璃钢，是因为它虽然是塑料，但却因为玻璃丝的增强而有了钢铁般的强度，遂得名玻璃钢。

玻璃钢化粪池：是指以合成树脂为基体、玻璃纤维或其织物为增强材料制成的专门用于处理粪便污水及生活污水的池子。是一种利用沉淀和厌氧发酵的原理，去除生活污水中悬浮性有机物的处理设施，属于低级的过渡性生活污水处理构筑物。

玻璃钢整体生物化粪池：是以玻璃纤维增强不饱和聚酯树脂的高强度玻璃纤维复合材料为主体材料，采用先进的玻璃钢缠绕工艺制作筒体加凹凸面车轮形封头结构。

玻璃钢化粪池与玻璃钢整体生物化粪池平、剖面图如图 5-9 所示，示例摘自广西玻璃钢化粪池图集。

（2）适用范围

适用于民用建筑和工业企业生活排水处理用玻璃钢化粪池（罐）的设计选型及其埋设施工。

适用于抗震设防烈度为 8 度（0.2g、0.3g）及 8 度以下地区的一般场地土下，单罐有效容积不大于 150m³、罐顶覆土深度 0.5～3.0m 且罐底埋设深度不超过 6m 的玻璃钢化粪池（罐）埋设。

不适用于湿陷性黄土、永久性冻土、膨胀土、抗震设防烈度为 9 度及以上和其他特殊

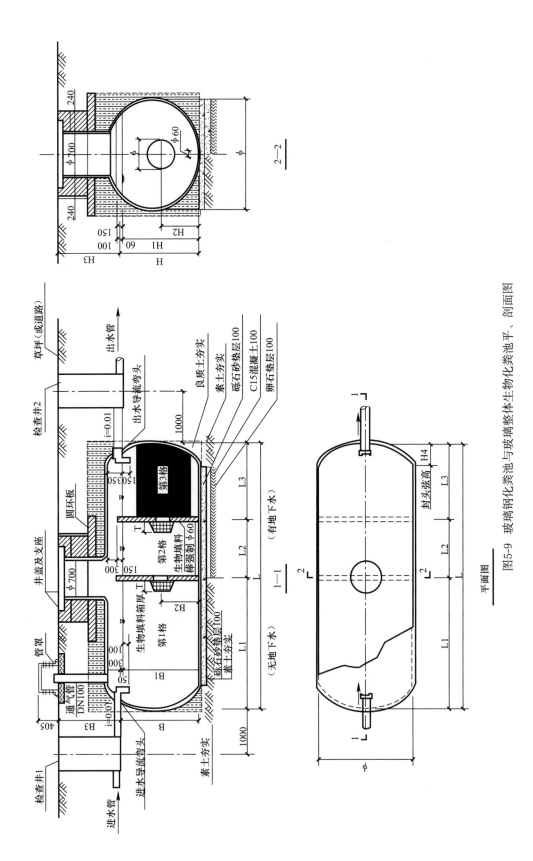

图5-9 玻璃钢化粪池与玻璃整体生物化粪池平、剖面图

地质条件地区的玻璃钢化粪池（罐）埋设。

（3）化粪池（罐）有效容积的计算

计算部分摘自国标图集《玻璃钢化粪池选用与埋设》（14SS706）总说明。

$$V = V_w + V_n$$

式中　V——化粪池（罐）有效容积，m^3；

　　　V_w——化粪池（罐）中污水容积，m^3；

　　　V_n——化粪池（罐）中污泥容积，m^3。

1）污水部分容积 V_w：

$$V_w = \frac{m \cdot b_f \cdot q_w \cdot t_w}{24 \times 1000}$$

式中　V_w——化粪池（罐）中污水容积，m^3；

　　　m——化粪池（罐）服务总人数，人；

　　　b_f——化粪池（罐）实际使用人数占服务总人数的百分数，见表5-21；

　　　q_w——每人每日计算污水量，$L/(人 \cdot d)$；见表5-22；

　　　t_w——污水在池（罐）中停留时间，h。

2）污泥部分容积 V_n：

$$V_n = \frac{m \cdot b_f \cdot q_n \cdot t_n \cdot (1 - b_x) \cdot M_s \times 1.2}{(1 - b_n) \times 1000}$$

式中　V_n——化粪池（罐）中污泥容积，m^3；

　　　m——化粪池（罐）服务总人数，人；

　　　b_f——化粪池（罐）实际使用人数占服务总人数的百分数，见表5-21；

　　　q_n——每人每日计算污泥量，$L/(人 \cdot d)$；见表5-23；

　　　t_n——污泥清掏周期，d；

　　　b_x——新鲜污泥含水率，可按95%计算；

　　　b_n——发酵浓缩后的污泥含水率，可按90%计算；

　　　M_s——污泥发酵浓缩后体积缩减系数，宜取0.8；

　　　1.2——清掏后遗留20%的容积系数。

化粪池（罐）实际使用人数占服务总人数的百分数　　　　表 5-21

建筑物名称	b_f 值（%）
医院、疗养院、养老院、幼儿园（有住宿）	100
住宅、集体宿舍、旅（宾）馆	70
办公楼、教学楼、实验楼、工业企业生活间	40
职工食堂、餐饮业、影剧院、体育场（馆）、商场和其他场所（按座位）	5～10

化粪池（罐）每人每日计算污水量 q_w $[L/(人 \cdot d)]$　　　　表 5-22

分类	生活污水与生活废水合流排入	生活污水单独排入
q_w	（0.85～0.95）用水量	15～20

化粪池（罐）每人每日计算污泥量 q_n $[L/(人 \cdot d)]$　　　　表 5-23

建筑物分类	生活污水与生活废水合流排入	生活污水单独排入
有住宿的建筑物	0.7	0.4
人员逗留时间＞4h且≤10h的建筑物	0.3	0.2
人员逗留时间≤4h的建筑物	0.1	0.07

3）注意事宜

① 不同的建筑物或同一建筑物内有不同生活污水定额等设计参数的人员，其生活污水排入同一个化粪池（罐）时，应分别计算不同人员的污水容积和污泥容积，以叠加后的有效容积确定化粪池（罐）的有效容积。

② 污水在池（罐）中停留时间 t_w 应根据污水量确定，宜采用 12～24h；当化粪池（罐）用于医院污水消毒前的预处理时，宜采用 24～36h。

③ 污泥清掏周期 t_n 应根据污水温度和当地气候条件并结合建筑物的使用要求确定，宜采用 90～360d；当化粪池（罐）作为医院污水消毒前的预处理时，污泥清掏周期宜按180～360d 计算。

④ 污泥发酵所需时间与污水温度有关参考如下：

污水温度为 6℃时，污泥发酵所需时间为 210d；

污水温度为 7℃时，污泥发酵所需时间为 180d；

污水温度为 8.5℃时，污泥发酵所需时间为 150d；

污水温度为 10℃时，污泥发酵所需时间为 120d；

污水温度为 12℃时，污泥发酵所需时间为 90d；

污水温度为 15℃时，污泥发酵所需时间为 60d。

（4）发展历史

玻璃钢化粪池的发展历史大概可分四个阶段：

第一阶段产品为方形，顶部和底部略小，若分开就是上下两个梯形。加工时先加工出来两个凹槽状的模型，再把它们合在一起，即成为一个成品。这种产品解决了传统产品不耐腐蚀，易渗漏堵塞的缺点，但是严密性还不够好，抗压性也一般，无法制作大型产品。

第二阶段产品基本为横卧的圆柱体，但顶部和底部还是设计为平面。车轮状凹凸面封头开始使用。因为是筒状模具，这一阶段的产品一般采用对接的方法连接。这种产品的抗压性能要比第一阶段的好，但是产品的严密性还可以再加以改良，而且这种产品的加工程序复杂，不利于工厂化生产。

第三阶段产品也叫手糊玻璃钢化粪池（也称波纹玻璃钢化粪池）。这种产品保持了第二阶段的车轮状封头设计，但筒体已经设计为波纹状的圆筒形，基本一次成型，严密性和抗压性能都达到了令人满意的地步。如今有部分企业还在使用这一阶段的技术。

第四阶段产品为机械缠绕玻璃钢化粪池，有厂家称之为内波纹玻璃钢化粪池，是目前普遍采用的产品。这种产品筒体两端采用力学凹凸面设计制作，筒体采用机械缠绕工艺、高抗压结构设计制作，产品整体成型后抗压、抗冲击强度以及韧性都比传统手糊玻璃钢化粪池的安全系数增加数倍，弥补了传统手糊玻璃钢化粪池、波纹型玻璃钢化粪池罐体手糊厚度不均匀、制造粗糙等不足。

（5）结构及运行原理

1）结构

玻璃钢化粪池发展至今，外形一般为横放的圆筒状，两端封头采用车轮状凹凸面设计。内部设有隔舱板（隔舱板上的孔上下错位以防短流；隔舱板上一般设有立体弹性填料，用来截留更多的厌氧细菌），隔舱板将整个罐体分成三格（三级化粪池）或四格（四级化粪池）。

玻璃钢化粪池的主要原材料为有机树脂、玻璃纤维、滑石粉填料。成品可喷漆，也可在加工时直接加入色浆。

2）运行原理

玻璃钢化粪池是一种利用沉淀和厌氧发酵的原理，去除生活污水中悬浮性有机物的处理设施，属于初级的过渡性生活污水处理构筑物。生活污水中含有大量粪便、纸屑、病原虫，悬浮物固体浓度为 $100\sim350mg/L$，有机物浓度在 $100\sim400mg/L$ 之间，其中悬浮性的有机物浓度为 $50\sim200mg/L$。污水进入化粪池经过 $12\sim24h$ 的沉淀，可去除 $50\%\sim60\%$ 的悬浮物。沉淀下来的污泥经过 3 个月以上的厌氧消化，使污泥中的有机物分解成稳定的无机物，易腐败的生活污泥转化为稳定的熟污泥，改变了污泥的结构，降低了污泥的含水率。定期将污泥清掏外运，填埋或用作肥料。

大致来讲工艺流程可分为四步：过滤沉淀→厌氧发酵→固体物分解→粪液排放。

新鲜粪便由进水口排到第一格，在第一格利用池水中的厌氧细菌开始初步发酵分解，因密度不同粪液自然分为三层，上层为糊状粪皮，下层为块状或颗粒状粪渣，中层为比较澄清的粪液。上层粪皮和下层粪渣中含细菌和寄生虫卵最多，中层含虫卵最少。

初步发酵的中层粪液经过粪管溢流至第二格，而将大部分未经充分发酵的粪皮和粪渣留在第一格继续发酵。流入第二格的粪液进一步发酵分解，虫卵继续下沉，病原体逐渐死亡，粪液得到进一步无害化，产生的粪皮和粪渣厚度比第一格显著减少。

流入第三格的粪液一般已经腐熟，其中病菌和寄生虫卵已基本杀灭。第三格的主要功能是暂时储存沉淀已基本无害的粪液，经过再次沉淀的粪液通过排水管流入市政或外管网。

四级化粪池比三级化粪池多了一道发酵腐化的工序，工艺更细化，水质更干净。

进水管：塑料、铸铁、水泥管均可，内壁光滑、防止结粪，内径 100mm，长度为 $300\sim500mm$。

过粪管：最好用塑料管，直径为 $100\sim150mm$，1—2 格间的过粪管长约 $700\sim750mm$，2—3 格间的过粪管长约 $500\sim550mm$。

（6）设计选用、设置技术条件

1）化粪池（罐）选用表是按照建筑物类型、每人每日计算污水量、每人每日计算污泥量、污水在池（罐）中停留时间和污泥清掏周期等参数，给出了化粪池（罐）服务总人数的最大值，设计时可直接查表选用。

2）当设计计算有效容积大于最大单个产品的有效容积时，宜选用两个或多个化粪池（罐）以并联方式设置；各池（罐）有效容积之和应不小于设计计算有效容积，且每个化粪池（罐）的有效容积应相同，相邻罐体外壁净距应不小于 700mm。

3）玻璃钢化粪池的特点是不渗漏，因此设置地点选择性大，摆放灵活。为此，国标图集《玻璃钢化粪池选用与埋设》（14SS706）规定：玻璃钢化粪池（罐）距离地下水取水构筑物不得小于 30m；埋地式生活饮用水贮水池周围 10m 以内，不得有化粪池（罐）（即距离生活饮用水水池不得小于 10m）；化粪池（罐）外壁距离建筑物外墙不宜小于 5m，并不得影响建筑物基础。

相关资料亦要求：当建筑物基础平面高于化粪池基础平面时，化粪池外壁距离建筑物外墙净距不宜小于 2m；当建筑物基础平面低于化粪池基础平面时，化粪池外壁距离建筑物外墙净距不宜小于 5m。两种设置方法均不得影响建筑物基础，同时化粪池设置的位置应便于清掏。

4）含油脂类污、废水不得进入化粪池（罐），以免影响池（罐）中污泥腐化发酵的效果。

5）化粪池（罐）作为医院污水预处理时，应设在消毒之前。

6）化粪池（罐）宜设置在接户管的下游端，便于机动车清掏的位置。

7）玻璃钢化粪池（罐）埋设均按有覆土考虑，覆土厚度是指罐顶最高处至设计地面的垂直距离。按图集要求：绿化地带下覆土厚度应不小于 0.5m；铺砌地面、小区道路及其他地面下覆土厚度应不小于 0.7m。最大覆土厚度为 3.0m，覆土厚度还应根据进水管埋设深度和选用罐体的直径，按罐底最大埋深不大于 6.0m 的原则确定。

有关厂家对化粪池（罐）覆土厚度的要求：最小覆土厚度为 0.30m，最大覆土厚度不宜超过 1.5m。如超过 1.5m 时，应采取加固措施。当地采暖计算温度低于 −10℃ 时，覆土厚度必须超过冰冻层。清扫口、观察口需作保温。

8）化粪池（罐）埋设施工时，应注意埋设地点的地下水位情况。本图集的无地下水情况，是指地下水位在罐底最低处以下；有地下水情况，是指地下水位在罐底以上，最高达设计地面以下 0.5m 处。

9）化粪池（罐）分普通型和加强型：普通型用在绿化带下；加强型可用在车行道或停车场下，同时还得采取相应的加强措施。

埋设地点的地面活荷载按不过车和过车两种情况考虑：不过车时，地面堆积荷载标准值取 10kN/m²；过车时，汽车荷载按城－B 级（W＝55t）考虑。两种情况不同时考虑，取其荷载效应较大者。

10）化粪池（罐）应设通气管，其设置位置可由化粪池的清渣口及观察口的侧壁接出，可因地制宜将通气管设置在不影响交通和环境的角落，并应高出地面不小于 2m；当设置在建筑物外墙边以及墙角等隐蔽部位，周围 4m 范围内有门窗时，通气管应高出门窗顶 0.6m，或引向无门窗的一侧；亦可接至下游检查井内。通气管顶端应设通气帽。

11）其他未尽事宜详见《玻璃钢化粪池选用与埋设》（14SS706）总说明。

（7）化粪池（罐）规格尺寸选用

YJBH 型化粪池（罐）规格尺寸选用表见表 5-24；

HFBH 型化粪池（罐）规格尺寸选用表见表 5-25；

BZHC-A 型化粪池（罐）规格尺寸选用表见表 5-26；

BZHC-B 型化粪池（罐）规格尺寸选用表见表 5-27；

DYGKY 型化粪池（罐）规格尺寸选用表见表 5-28；

LGDCN 型化粪池（罐）规格尺寸选用表见表 5-29。

（8）玻璃钢化粪池型号的含意

1）玻璃钢化粪池型号的含意如下：

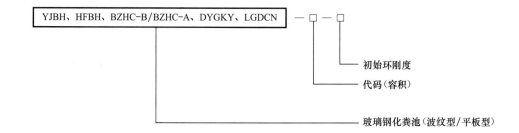

YJBH 型化粪池（罐）规格尺寸选用表

表 5-24

品牌型号	罐体长度 L(mm)	罐体外径 D(mm)	进水管管底 高度 H(mm)	出水管管底 高度 H₁(mm)	隔板过水孔中心 高度 H₂(mm)	有效容积 V(m³)
YJBH-1-Ⅰ	1500	1460	1060	960	690	2
YJBH-1-Ⅱ						
YJBH-2-Ⅰ	2900					4
YJBH-2-Ⅱ						
YJBH-3-Ⅰ	4400					6
YJBH-3-Ⅱ						
YJBH-4-Ⅰ	2900	2100	1700	1600	1150	9
YJBH-4-Ⅱ						
YJBH-5-Ⅰ	4000					12
YJBH-5-Ⅱ						
YJBH-6-Ⅰ	4300	2300	1900	1800	1300	16
YJBH-6-Ⅱ						
YJBH-7-Ⅰ	5400					20
YJBH-7-Ⅱ						
YJBH-8-Ⅰ	6800					25
YJBH-8-Ⅱ						
YJBH-9-Ⅰ	4400	3100	2700	2600	2080	30
YJBH-9-Ⅱ						
YJBH-10-Ⅰ	5800					40
YJBH-10-Ⅱ						
YJBH-11-Ⅰ	7300					50
YJBH-11-Ⅱ						
YJBH-12-Ⅰ	10900					75
YJBH-12-Ⅱ						
YJBH-13-Ⅰ	14500					100
YJBH-13-Ⅱ						

注：1. 进出水管管径由工程设计定。
 2. Ⅰ型初始环刚度为 $5000N/m^2$；Ⅱ型初始环刚度为 $10000N/m^2$。

HFBH 型化粪池（罐）规格尺寸选用表

表 5-25

品牌型号	罐体长度 L(mm)	罐体外径 D(mm)	进水管 管底高度 H(mm)	出水管 管底高度 H₁(mm)	隔板过水孔 中心高度 H₂(mm)	有效容积 V(m³)
HFBH-1-Ⅰ	1200	1700	1450	1350	970	2
HFBH-1-Ⅱ						
HFBH-2-Ⅰ	2400					4
HFBH-2-Ⅱ						
HFBH-3-Ⅰ	3300					6
HFBH-3-Ⅱ						
HFBH-4-Ⅰ	2400	2300	2000	1900	1370	9
HFBH-4-Ⅱ						
HFBH-5-Ⅰ	3200					12
HFBH-5-Ⅱ						
HFBH-6-Ⅰ	3300	2600	2300	2200	1580	16
HFBH-6-Ⅱ						
HFBH-7-Ⅰ	4200					20
HFBH-7-Ⅱ						
HFBH-8-Ⅰ	5500					25
HFBH-8-Ⅱ						
HFBH-9-Ⅰ	6400				1760	30
HFBH-9-Ⅱ						

品牌型号	罐体长度 L(mm)	罐体外径 D(mm)	进水管管底高度 H(mm)	出水管管底高度 H_1(mm)	隔板过水孔中心高度 H_2(mm)	有效容积 V(m³)
HFBH-10-Ⅰ	4000	3200	2850	2750	2200	30
HFBH-10-Ⅱ						
HFBH-11-Ⅰ	8550	2600	2250	2150	1720	40
HFBH-11-Ⅱ						
HFBH-12-Ⅰ	7000					50
HFBH-12-Ⅱ						
HFBH-13-Ⅰ	10100	3200	2850	2750	2200	75
HFBH-13-Ⅱ						
HFBH-14-Ⅰ	13800					100
HFBH-14-Ⅱ						

注：1. 进出水管管径由工程设计定。
2. Ⅰ型为普通型；Ⅱ型为加强型。

BZHC-A 型化粪池（罐）规格尺寸选用表　　　　表 5-26

品牌型号	罐体长度 L(mm)	罐体外径 D(mm)	进水管管底高度 H(mm)	出水管管底高度 H_1(mm)	隔板过水孔中心高度 H_2(mm)	有效容积 V(m³)
BZHC-1A-1	1700	1500	1250	1150	830	2
BZHC-2A-1	2700					4
BZHC-3A-1	2700	1800	1550	1450	1050	6
BZHC-4A-1	4000					9
BZHC-5A-1	5400		1500	1400	1010	12
BZHC-6A-1	4100	2300	2000	1900	1370	16
BZHC-7A-1	5400					20
BZHC-8A-1	6600					25
BZHC-9A-1	8000		1950	1850	1480	30
BZHC-10A-1	7000	2800	2450	2350	1880	40
BZHC-11A-1	8600					50
BZHC-12A-1	9600	3000	2650	2550	2040	60
BZHC-13A-1	11200					75
BZHC-14A-1	11200	3500	3150	3050	2440	100

注：1. 进出水管管径由工程设计定。
2. A 型为平板型。

BZHC-B 型化粪池（罐）规格尺寸选用表　　　　表 5-27

品牌型号	罐体长度 L(mm)	罐体外径 D(mm)	进水管管底高度 H(mm)	出水管管底高度 H_1(mm)	隔板过水孔中心高度 H_2(mm)	有效容积 V(m³)
BZHC-1B-1	1700	1600	1350	1250	900	2
BZHC-2B-1	2600					4

品牌型号	罐体长度 L(mm)	罐体外径 D(mm)	进水管管底高度 H(mm)	出水管管底高度 H_1(mm)	隔板过水孔中心高度 H_2(mm)	有效容积 V(m³)
BZHC-3B-1	2200	2000	1750	1650	1200	6
BZHC-4B-1	3200					9
BZHC-5B-1	4200		1700	1600	1150	12
BZHC-6B1-1	5900					16
BZHC-6B2-1	4100	2300	2000	1900	1370	16
BZHC-7B-1	5400					20
BZHC-8B-1	6600					25
BZHC-9B-1	8000		1450	1850	1480	30
BZHC-10B-1	5800	3100	2750	2650	2120	40
BZHC-11B-1	7400					50
BZHC-12B-1	9000					60
BZHC-13B-1	10800					75
BZHC-14B1-1	14500					100
BZHC-14B2-1	10700	3600	3150	3150	2520	100

注：1. 进出水管管径由工程设计定。

2. B型为波纹型。

DYGKY 型化粪池（罐）规格尺寸选用表 表 5-28

品牌型号	罐体长度 L(mm)	罐体外径 D(mm)	进水管管底高度 H(mm)	出水管管底高度 H_1(mm)	隔板过水孔中心高度 H_2(mm)	有效容积 V(m³)
DYGKY-1-Ⅰ	2380	1440	1190	1090	790	3
DYGKY-1-Ⅱ						
DYGKY-2-Ⅰ	3100					4
DYGKY-2-Ⅱ						
DYGKY-3-Ⅰ	4600					6
DYGKY-3-Ⅱ						
DYGKY-4-Ⅰ	3300	2050	1800	1700	1230	9
DYGKY-4-Ⅱ						
DYGKY-5-Ⅰ	4300		1700	1600	1150	12
DYGKY-5-Ⅱ						
DYGKY-6-Ⅰ	4200	2420	2070	1470	1420	16
DYGKY-6-Ⅱ						
DYGKY-7-Ⅰ	5200					20
DYGKY-7-Ⅱ						
DYGKY-8-Ⅰ	6200		2070	1970	1420	25
DYGKY-8-Ⅱ						
DYGKY-9-Ⅰ	7500		2070	1970	1580	30
DYGKY-9-Ⅱ						

品牌型号	罐体长度 L(mm)	罐体外径 D(mm)	进水管 管底高度 H(mm)	出水管 管底高度 H_1(mm)	隔板过水孔 中心高度 H_2(mm)	有效容积 V(m³)
DYGKY-10-Ⅰ	7000	2880	2530	2430	1950	40
DYGKY-10-Ⅱ						
DYGKY-11-Ⅰ	8600					50
DYGKY-11-Ⅱ						
DYGKY-12-Ⅰ	12800					75
DYGKY-12-Ⅱ						
DYGKY-13-Ⅰ	13600	3235	2885	2785	2230	100
DYGKY-13-Ⅱ						
DYGKY-14-Ⅰ	16300					120
DYGKY-14-Ⅱ						
DYGKY-15-Ⅰ	12200	4090	3740	3640	2910	150
DYGKY-15-Ⅱ						

注：1. 进出水管管径由工程设计定。
2. Ⅰ型为普通型；Ⅱ型为加强型。

LGDCN 型化粪池（罐）规格尺寸选用表　　　　表 5-29

品牌型号	罐体长度 L(mm)	罐体外径 D(mm)	进水管 管底高度 H(mm)	出水管 管底高度 H_1(mm)	隔板过水孔 中心高度 H_2(mm)	有效容积 V(m³)
LGDCN-01-Ⅰ	1500	1460	1260	1160	840	2
LGDCN-01-Ⅱ						
LGDCN-02-Ⅰ	2800					4
LGDCN-02-Ⅱ						
LGDCN-03-Ⅰ	2650	1800	1600	1500	1080	6
LGDCN-03-Ⅱ						
LGDCN-04-Ⅰ	4000					9
LGDCN-04-Ⅱ						
LGDCN-05-Ⅰ	5300		1550	1450	1050	12
LGDCN-05-Ⅱ						
LGDCN-06-Ⅰ	4260	2300	2050	1950	1410	16
LGDCN-06-Ⅱ						
LGDCN-07-Ⅰ	5300					20
LGDCN-07-Ⅱ						
LGDCN-08-Ⅰ	6600					25
LGDCN-08-Ⅱ						
LGDCN-09-Ⅰ	7890		2050	1950	1560	30
LGDCN-09-Ⅱ						
LGDCN-10-Ⅰ	5800	3100	2750	2650	2120	40
LGDCN-10-Ⅱ						

品牌型号	罐体长度 L(mm)	罐体外径 D(mm)	进水管 管底高度 H(mm)	出水管 管底高度 H_1(mm)	隔板过水孔 中心高度 H_2(mm)	有效容积 V(m³)
LGDCN-11-Ⅰ	7280	3100	2750	2650	2120	50
LGDCN-11-Ⅱ						
LGDCN-12-Ⅰ	10900					75
LGDCN-12-Ⅱ						
LGDCN-13-Ⅰ	14500					100
LGDCN-13-Ⅱ						

注：1. 进出水管管径由工程设计定。

2. Ⅰ型为普通型；Ⅱ型为加强型。

2）玻璃钢化粪池代码容积对应关系见表 5-30。

玻璃钢化粪池代码容积对应关系　　　　表 5-30

代码	1	2	3	4	5	6	7	8	9	10	11	12	13
容积（m³）	2	4	6	9	12	16	20	25	30	40	50	75	100

注：本表摘自《玻璃钢化粪池技术要求》CJ/T 409—2012。

（9）玻璃钢化粪池（罐）服务总人数选用表

服务总人数选用表摘自国标图集《玻璃钢化粪池选用与埋设》（14SS706）第 11～21 页，其中仅更改表头。

1）医院、疗养院、养老院、幼儿园（有住宿）等化粪池（罐）服务总人数选用表（b_f=100%，t_n=90d）见表 5-31；

2）医院、疗养院、养老院、幼儿园（有住宿）等化粪池（罐）服务总人数选用表（b_f=100%，t_n=180d）见表 5-32；

3）医院、疗养院、养老院、幼儿园（有住宿）等化粪池（罐）服务总人数选用表（b_f=100%，t_n=360d）见表 5-33；

4）住宅、集体宿舍、旅（宾）馆等化粪池（罐）服务总人数选用表（b_f=70%，t_n=90d）见表 5-34；

5）住宅、集体宿舍、旅（宾）馆等化粪池（罐）服务总人数选用表（b_f=70%，t_n=180d）见表 5-35；

6）住宅、集体宿舍、旅（宾）馆等化粪池（罐）服务总人数选用表（b_f=70%，t_n=360d）见表 5-36；

7）办公楼、教学楼、实验楼、工业企业生活间等化粪池（罐）服务总人数选用表（q_n=0.2L/（人·d），b_f=40%）见表 5-37；

8）办公楼、教学楼、实验楼、工业企业生活间等化粪池（罐）服务总人数选用表（q_n=0.3L/（人·d），b_f=40%）见表 5-38；

9）职工食堂、餐饮业、影剧院、体育场（馆）、商场和其他场所（按座位）等化粪池（罐）服务总人数选用表（b_f=5%～10%，t_n=90d）见表 5-39；

10）职工食堂、餐饮业、影剧院、体育场（馆）、商场和其他场所（按座位）等化粪池（罐）服务总人数选用表（b_f=5%～10%，t_n=180d）见表 5-40；

11）职工食堂、餐饮业、影剧院、体育场（馆）、商场和其他场所（按座位）等化粪池（罐）服务总人数选用表（b_f=5%～10%，t_n=360d）见表 5-41。

医院、疗养院、养老院、幼儿院（有住宿）等化粪池（罐）服务总人数选用表 ($b_f=100\%$, $t_n=90d$)

表 5-31

有效容积 V(m³)	污水在池中停留时间 t_w(h)	$q_n=0.4L/(人·d)$						$Q_n=0.7L/(人·d)$					
		每人每日计算污水量 q_w [L/(人·d)]											
		15	20	40	60	80	100	150	200	250	300	350	380
2	12	81	73	40	33	28	25	19	15	13	11	10	9
	24 (36)	62 (50)	54 (42)	28 (22)	22 (17)	18 (13)	15 (11)	11 (8)	9 (6)	7 (5)	6 (4)	5 (4)	5 (3)
4	12	161	147	80	66	57	50	38	31	26	22	19	18
	24 (36)	124 (101)	107 (85)	57 (44)	44 (33)	36 (27)	31 (22)	22 (16)	17 (12)	14 (10)	12 (8)	11 (7)	10 (7)
6	12	242	220	119	100	85	75	57	46	39	33	29	27
	24 (36)	186 (151)	161 (127)	85 (66)	66 (50)	54 (40)	46 (33)	33 (24)	26 (18)	21 (15)	18 (12)	16 (11)	15 (10)
9	12	363	330	179	149	128	112	86	69	58	50	44	41
	24 (36)	279 (226)	241 (190)	128 (100)	100 (75)	82 (60)	69 (50)	50 (35)	39 (27)	32 (22)	27 (19)	24 (16)	21 (15)
12	12	484	440	239	199	171	150	114	92	77	67	58	54
	24 (36)	372 (302)	322 (254)	171 (133)	133 (100)	109 (80)	92 (67)	67 (47)	52 (36)	43 (30)	36 (25)	32 (22)	29 (20)
16	12	646	587	318	266	228	199	152	123	103	89	78	73
	24 (36)	496 (402)	429 (338)	228 (177)	177 (133)	145 (106)	123 (89)	89 (63)	69 (48)	57 (39)	48 (33)	42 (29)	39 (27)
20	12	807	733	398	332	285	249	190	154	129	111	97	91
	24 (36)	620 (503)	536 (423)	285 (222)	222 (166)	181 (133)	154 (111)	111 (78)	87 (61)	71 (49)	61 (42)	53 (36)	49 (33)
25	12	1009	916	498	415	356	312	238	192	161	139	122	114
	24 (36)	774 (628)	671 (529)	356 (277)	277 (208)	227 (166)	192 (139)	139 (98)	109 (76)	89 (62)	76 (52)	66 (45)	61 (42)
30	12	1211	1100	597	498	427	374	285	230	193	166	146	136
	24 (36)	929 (754)	805 (635)	427 (332)	332 (250)	272 (200)	230 (166)	166 (118)	130 (91)	107 (74)	91 (62)	79 (54)	73 (50)
40	12	1614	1466	796	664	569	499	380	307	258	222	195	182
	24 (36)	1239 (1006)	1073 (846)	569 (443)	443 (333)	363 (266)	307 (222)	222 (157)	174 (121)	143 (99)	121 (83)	105 (72)	98 (67)
50	12	2018	1833	995	830	712	623	475	384	322	277	244	227
	24 (36)	1549 (1257)	1341 (1058)	712 (554)	554 (416)	454 (333)	384 (277)	277 (196)	217 (151)	178 (123)	151 (104)	131 (90)	122 (83)
75	12	3027	2749	1493	1245	1068	935	713	576	483	416	365	341
	24 (36)	2323 (1885)	2012 (1586)	1068 (831)	831 (624)	680 (499)	576 (416)	416 (294)	326 (227)	268 (185)	227 (156)	197 (135)	183 (125)
100	12	4036	3666	1990	1660	1424	1246	950	768	644	555	487	454
	24 (36)	3098 (2514)	2682 (2115)	1424 (1108)	1108 (832)	907 (666)	768 (555)	555 (392)	434 (303)	357 (247)	303 (208)	263 (180)	244 (167)

表 5-32

医院、疗养院、养老院、幼儿院（有住宿）等化粪池（罐）服务总人数选用表 （b_n=100%, t_n=180d）

| 有效容积 V(m³) | 污水在池中停留时间 t_w(h) | 每人每日计算污水量 q_w [L/(人·d)] | | | | | | | | | | | |
| | | q_n=0.4L/(人·d) | | Q_n=0.7L/(人·d) | | | | | | | | | |
		15	20	40	60	80	100	150	200	250	300	350	380
2	12	40	40	23	22	20	18	15	12	11	10	8	8
	24 (36)	40 (35)	37 (31)	20 (17)	17 (13)	14 (11)	12 (10)	10 (7)	8 (6)	6 (5)	6 (4)	5 (3)	5 (3)
4	12	81	81	46	44	40	36	30	25	22	19	17	16
	24 (36)	81 (70)	73 (62)	40 (33)	33 (27)	28 (22)	25 (19)	19 (14)	15 (11)	13 (9)	11 (8)	10 (7)	9 (6)
6	12	121	121	69	66	60	54	44	37	32	29	25	24
	24 (36)	121 (105)	110 (93)	60 (50)	50 (40)	43 (33)	37 (29)	29 (21)	23 (17)	19 (14)	17 (12)	15 (10)	14 (10)
9	12	182	182	104	99	90	81	66	56	49	43	38	36
	24 (36)	182 (158)	165 (139)	90 (75)	75 (60)	64 (50)	56 (43)	43 (32)	35 (25)	29 (21)	25 (18)	22 (15)	20 (14)
12	12	243	243	139	133	119	109	89	75	65	57	51	48
	24 (36)	242 (210)	220 (186)	119 (100)	100 (80)	85 (66)	75 (57)	57 (42)	46 (33)	39 (28)	33 (24)	29 (20)	27 (19)
16	12	324	324	185	177	159	145	118	100	86	76	68	64
	24 (36)	323 (280)	293 (248)	159 (133)	133 (106)	114 (89)	100 (76)	76 (56)	61 (44)	52 (37)	44 (31)	39 (27)	36 (25)
20	12	405	405	231	221	199	181	148	125	108	95	85	80
	24 (36)	404 (351)	367 (310)	199 (166)	166 (133)	142 (111)	125 (95)	95 (70)	77 (55)	64 (46)	55 (39)	49 (34)	45 (32)
25	12	506	506	289	276	249	226	185	156	135	119	106	100
	24 (36)	504 (438)	458 (387)	249 (208)	208 (166)	178 (139)	156 (119)	119 (88)	96 (69)	81 (57)	69 (49)	61 (43)	57 (40)
30	12	694	673	373	332	299	272	221	187	162	143	127	120
	24 (36)	605 (526)	550 (465)	299 (249)	249 (199)	214 (166)	187 (143)	143 (105)	115 (83)	97 (69)	83 (59)	73 (51)	68 (48)
40	12	926	898	497	442	398	362	295	249	216	190	170	160
	24 (36)	807 (701)	733 (620)	398 (332)	332 (266)	285 (222)	249 (190)	190 (140)	154 (111)	129 (92)	111 (78)	97 (68)	91 (63)
50	12	1157	1122	621	553	498	453	369	312	270	238	212	200
	24 (36)	1009 (876)	916 (774)	498 (415)	415 (332)	356 (277)	312 (238)	238 (175)	192 (139)	161 (115)	139 (98)	122 (85)	114 (79)
75	12	1736	1683	932	829	746	679	554	467	404	356	318	299
	24 (36)	1513 (1314)	1375 (1162)	746 (623)	623 (498)	534 (416)	467 (356)	356 (263)	288 (208)	242 (172)	208 (147)	183 (128)	170 (119)
100	12	2315	2244	1243	1105	995	905	738	623	539	475	425	399
	24 (36)	2018 (1753)	1833 (1549)	995 (830)	830 (665)	712 (554)	623 (475)	475 (350)	384 (277)	322 (230)	277 (196)	244 (171)	227 (159)

医院、疗养院、养老院、幼儿院（有住宿）等化粪池（罐）服务总人数选用表 （$b_f=100\%$, $t_n=360d$）

表 5-33

有效容积 $V(m^3)$	污水在池中停留时间 $t_w(h)$	$q_n=0.4L/(人·d)$		$Q_n=0.7L/(人·d)$ 每人每日计算污水量 q_w [L/(人·d)]										
		15	20	40	60	80	100	150	200	250	300	350	380
2	12	20	20	12	12	12	12	10	9	8	7	7	6
	24 (36)	20 (20)	20 (20)	12 (11)	11 (9)	10 (8)	9 (7)	7 (6)	6 (5)	5 (4)	5 (4)	4 (3)	4 (3)
4	12	40	40	23	23	23	23	20	18	16	15	14	13
	24 (36)	40 (40)	40 (40)	23 (22)	22 (19)	20 (17)	18 (15)	15 (12)	12 (10)	11 (8)	10 (7)	8 (6)	8 (6)
6	12	61	61	35	35	35	35	31	27	24	22	20	19
	24 (36)	61 (61)	61 (61)	35 (33)	33 (28)	30 (25)	27 (22)	22 (17)	19 (14)	16 (12)	14 (11)	13 (9)	12 (9)
9	12	91	91	52	52	52	52	46	41	37	33	30	29
	24 (36)	91 (91)	91 (91)	52 (50)	50 (43)	45 (37)	41 (33)	33 (26)	28 (21)	24 (18)	21 (16)	19 (14)	18 (13)
12	12	121	121	69	69	69	69	61	54	49	44	41	39
	24 (36)	121 (121)	121 (121)	69 (66)	66 (57)	60 (50)	54 (44)	44 (35)	37 (29)	32 (24)	29 (21)	25 (19)	24 (17)
16	12	162	162	93	93	93	93	82	72	65	59	54	51
	24 (36)	162 (162)	162 (161)	93 (88)	88 (76)	80 (66)	72 (59)	59 (46)	50 (38)	43 (32)	38 (28)	34 (25)	32 (23)
20	12	202	202	116	116	116	116	102	91	81	74	68	64
	24 (36)	202 (202)	202 (202)	116 (111)	111 (95)	100 (83)	91 (74)	74 (58)	62 (48)	54 (40)	48 (35)	42 (31)	40 (29)
25	12	253	253	145	145	145	145	128	113	102	92	84	80
	24 (36)	253 (253)	253 (252)	145 (138)	138 (119)	124 (104)	113 (92)	92 (72)	78 (59)	67 (50)	59 (44)	53 (39)	50 (36)
30	12	347	347	198	198	186	175	153	136	122	111	101	96
	24 (36)	347 (327)	337 (303)	186 (166)	166 (142)	149 (125)	136 (111)	111 (87)	93 (71)	81 (60)	71 (53)	64 (46)	60 (43)
40	12	463	463	265	265	249	234	204	181	163	148	135	129
	24 (36)	463 (437)	449 (404)	249 (221)	221 (190)	199 (166)	181 (148)	148 (116)	125 (95)	108 (81)	95 (70)	85 (62)	80 (58)
50	12	579	579	331	331	311	292	255	226	203	185	169	161
	24 (36)	579 (546)	561 (504)	311 (276)	276 (237)	249 (208)	226 (185)	185 (145)	156 (119)	135 (101)	119 (88)	106 (77)	100 (72)
75	12	868	868	496	496	466	439	383	339	305	277	253	241
	24 (36)	868 (819)	842 (757)	466 (414)	414 (356)	373 (311)	339 (277)	277 (217)	234 (178)	202 (151)	178 (131)	159 (116)	150 (109)
100	12	1157	1157	661	661	621	585	510	453	407	369	338	322
	24 (36)	1157 (1091)	1122 (1009)	621 (553)	553 (474)	498 (415)	453 (369)	369 (289)	312 (238)	270 (202)	238 (175)	212 (155)	200 (145)

住宅、集体宿舍、旅（宾）馆等化粪池（罐）服务总人数选用表 ($h_t=70\%$, $t_n=90d$)　　　　表 5-34

有效容积 V(m³)	污水在池中停留时间 t_w(h)	$q_n=0.4L/(人·d)$		每人每日计算污水量 q_w [L/(人·d)]　$q_n=0.7L/(人·d)$									
		15	20	40	60	80	100	150	200	250	300	350	380
2	12	115	105	57	47	41	36	27	22	18	16	14	13
2	24	89	77	41	32	26	22	16	12	10	9	8	7
4	12	231	209	114	95	81	71	54	44	37	32	28	26
4	24	177	153	81	63	52	44	32	25	20	17	15	14
6	12	346	314	171	142	122	107	81	66	55	48	42	39
6	24	266	230	122	95	78	66	48	37	31	26	23	21
9	12	519	471	256	213	183	160	122	99	83	71	63	58
9	24	398	345	183	142	117	99	71	56	46	39	34	31
12	12	692	628	341	285	244	214	163	132	110	95	84	78
12	24	531	460	244	198	156	132	95	74	61	52	45	42
16	12	922	838	455	379	325	285	217	176	147	127	111	104
16	24	708	613	325	253	207	176	127	99	82	69	60	56
20	12	1153	1047	569	474	407	356	271	219	184	159	139	130
20	24	885	766	407	317	259	219	159	124	102	87	75	70
25	12	1441	1309	711	593	508	445	339	274	230	198	174	162
25	24	1106	958	508	396	324	274	198	155	127	108	94	87
30	12	1730	1571	853	711	610	534	407	329	276	238	209	195
30	24	1328	1150	610	475	389	329	238	186	153	130	113	104
40	12	2306	2095	1137	945	814	712	543	439	368	317	278	259
40	24	1770	1533	814	635	518	439	317	248	204	173	150	139
50	12	2883	2618	1422	1185	1017	890	679	548	460	396	348	324
50	24	2213	1916	1017	792	648	548	396	310	255	216	188	174
75	12	4324	3928	2133	1779	1525	1335	1018	823	690	594	522	486
75	24	3319	2874	1525	1187	972	823	594	465	382	324	282	261
100	12	5756	5237	2843	2371	2034	1780	1357	1097	920	793	696	649
100	24	4426	3832	2034	1583	1296	1097	793	620	510	433	376	348

住宅、集体宿舍、旅(宾)馆等化粪池(罐)服务总人数选用表 ($b_f=70\%$, $t_n=180d$)

表 5-35

有效容积 $V(m^3)$	污水在池中停留时间 $t_w(h)$	$q_n=0.4L/(人 \cdot d)$		$Q_n=0.7L/(人 \cdot d)$ 每人每日计算污水量 q_w [L/(人·d)]									
		15	20	40	60	80	100	150	200	250	300	350	380
2	12	58	58	33	32	28	26	21	18	15	14	12	11
	24	58	52	28	24	20	18	14	11	9	8	7	6
4	12	116	116	66	63	57	52	42	36	31	27	24	23
	24	115	105	57	47	41	36	27	22	18	16	14	13
6	12	174	174	99	95	85	78	63	53	46	41	36	34
	24	173	157	85	71	61	53	41	33	28	24	21	19
9	12	260	260	149	142	128	116	95	80	69	61	55	51
	24	259	236	128	107	92	80	61	49	41	36	31	29
12	12	347	347	198	189	171	155	127	107	92	81	73	68
	24	346	314	171	142	122	107	81	66	55	48	42	39
16	12	463	463	265	253	227	207	169	142	123	109	97	91
	24	461	419	227	190	163	142	109	88	74	63	56	52
20	12	579	579	331	316	284	259	211	178	154	136	121	114
	24	577	524	284	237	203	178	136	110	92	79	70	65
25	12	723	723	413	395	355	323	264	223	193	170	152	143
	24	721	655	355	296	254	223	170	137	115	99	87	81
30	12	992	962	533	474	427	388	316	267	231	204	182	171
	24	865	786	427	356	305	267	204	165	138	119	104	97
40	12	1323	1282	710	632	569	517	422	356	308	271	243	228
	24	1153	1047	569	474	407	356	271	219	184	159	139	130
50	12	1653	1603	888	789	711	647	527	445	385	339	303	285
	24	1441	1309	711	593	508	445	339	274	230	198	174	162
75	12	2480	2404	1331	1184	1066	970	791	668	578	509	455	428
	24	2162	1964	1066	889	763	668	509	411	345	297	261	243
100	12	3307	3206	1775	1579	1422	1293	1054	890	770	679	607	570
	24	2883	2618	1422	1186	1017	890	679	548	460	396	348	324

住宅、集体宿舍、旅（宾）馆等化粪池（罐）服务总人数选用表 （$b_f=70\%$，$t_n=360d$）

表 5-36

有效容积 $V(m^3)$	污水在池中停留时间 $t_w(h)$	$q_n=0.4L/(人·d)$		$Q_n=0.7L/(人·d)$ 每人每日计算污水量 q_w [L/(人·d)]										
		15	20	40	60	80	100	150	200	250	300	350	380
2	12	29	29	17	17	17	17	15	13	12	11	10	9
	24	29	29	17	16	14	13	11	9	8	7	6	6
4	12	58	58	33	33	33	33	29	26	23	21	19	18
	24	58	58	33	32	28	26	21	18	15	14	12	11
6	12	87	87	50	50	50	50	44	39	35	32	29	28
	24	87	87	50	47	43	39	32	27	23	20	18	17
9	12	130	130	74	74	74	74	66	58	52	47	43	41
	24	130	130	74	71	64	58	47	40	35	31	27	26
12	12	174	174	99	99	99	99	87	78	70	63	58	55
	24	174	174	99	95	85	78	63	53	46	41	36	34
16	12	232	232	132	132	132	132	117	103	93	84	77	74
	24	232	232	132	126	114	103	84	71	62	54	49	46
20	12	289	289	165	165	165	165	146	129	116	105	97	92
	24	289	289	165	158	142	129	105	89	77	68	61	57
25	12	362	362	207	207	207	207	182	162	145	132	121	115
	24	362	362	207	197	178	162	132	111	96	85	76	71
30	12	496	496	283	283	266	251	219	194	174	158	145	138
	24	496	481	266	237	213	194	158	134	116	102	91	86
40	12	661	661	378	378	355	334	292	259	232	211	193	184
	24	661	641	355	316	284	259	211	178	154	136	121	114
50	12	827	827	472	472	444	418	365	323	290	264	241	230
	24	827	801	444	395	355	323	264	223	193	170	152	143
75	12	1240	1240	709	709	666	627	547	485	436	395	362	345
	24	1240	1202	666	592	533	485	395	334	289	255	227	214
100	12	1653	1653	945	945	888	836	729	647	581	527	483	459
	24	1653	1603	888	789	711	647	527	445	385	339	303	285

办公楼、教学楼、实验楼、工业企业生活间等化粪池（罐）服务总人数选用表 $(q_n=0.2L/(人 \cdot d),\ b_f=40\%)$

表 5-37

有效容积 V(m³)	污水在池中停留时间 t_w(h)	每人每日计算污水量 q_w [L/(人·d)]											
		$t_n=90d$				$t_n=180d$				$t_n=360d$			
		20	30	40	50	20	30	40	50	20	30	40	50
2	12	268	212	175	149	183	155	134	118	101	101	92	84
	24	175	129	103	85	134	106	87	74	92	77	67	59
4	12	536	423	349	297	367	310	268	237	203	202	183	168
	24	349	259	206	171	268	212	175	149	183	155	134	118
6	12	805	635	524	446	550	465	402	355	304	303	275	252
	24	524	388	308	256	402	317	262	223	275	232	201	177
9	12	1207	952	786	669	825	697	604	532	456	454	412	378
	24	786	582	463	384	604	476	393	334	412	349	302	266
12	12	1609	1269	1047	892	1100	929	805	710	608	605	550	504
	24	1047	776	617	512	805	635	524	446	550	465	402	355
16	12	2146	1692	1397	1189	1466	1239	1073	946	810	807	733	672
	24	1397	1035	822	682	1073	846	698	595	733	620	536	473
20	12	2682	2115	1746	1486	1833	1549	1341	1183	1013	1009	916	839
	24	1746	1294	1028	853	1341	1058	873	743	916	774	671	591
25	12	3353	2644	2182	1858	2291	1936	1677	1478	1266	1261	1146	1049
	24	2182	1617	1285	1066	1677	1322	1091	929	1146	968	838	739
30	12	4024	3173	2619	2229	2749	2323	2012	1774	1683	1513	1375	1259
	24	2619	1941	1542	1279	2012	1586	1309	1115	1375	1162	1006	887
40	12	5365	4230	3492	2970	3666	3098	2682	2365	2244	2018	1833	1679
	24	3492	2588	2056	1705	2682	2115	1746	1486	1833	1549	1341	1183
50	12	6706	5288	4365	3716	4582	3872	3353	2956	2805	2522	2291	2099
	24	4365	3235	2570	2132	3353	2644	2182	1858	2291	1936	1677	1478
75	12	10059	7931	6547	5574	6873	5809	5030	4435	4208	3783	3437	3148
	24	6547	4852	3855	3197	5030	3966	3273	2787	3437	2904	2515	2217
100	12	13412	10575	8729	7432	9164	7745	6706	5913	5610	5044	4582	4197
	24	8729	6470	5140	4263	6706	5288	4365	3716	4582	3872	3353	2956

办公楼、教学楼、实验楼、工业企业生活间等化粪池（罐）服务总人数选用表（$q_n=0.3L/(人·d)$，$b_f=40\%$）

表 5-38

有效容积 V(m³)	污水在池中停留时间 t_w(h)	$t_n=90d$				$t_n=180d$				$t_n=360d$			
		每人每日计算污水量 q_w [L/(人·d)]											
		20	30	40	50	20	30	40	50	20	30	40	50
2	12	218	179	152	132	135	122	109	98	68	68	68	65
	24	152	116	94	79	109	89	76	66	68	61	54	49
4	12	436	358	303	263	270	244	218	196	136	136	136	130
	24	303	233	189	158	218	179	152	132	136	122	109	98
6	12	653	536	455	395	405	367	327	295	203	203	203	195
	24	455	349	283	238	327	268	228	198	203	183	163	147
9	12	980	805	683	593	608	550	490	442	304	304	304	293
	24	683	524	425	357	490	402	341	296	304	275	245	221
12	12	1307	1073	910	790	810	733	653	589	405	405	405	390
	24	910	698	566	476	653	536	455	395	405	367	327	295
16	12	1742	1431	1214	1054	1080	978	871	786	540	540	540	521
	24	1214	931	755	635	871	715	607	527	540	489	436	393
20	12	2178	1788	1517	1317	1350	1222	1089	982	675	675	675	651
	24	1517	1164	944	794	1089	894	758	659	675	611	544	491
25	12	2722	2235	1896	1646	1688	1527	1361	1227	844	844	844	813
	24	1896	1455	1180	993	1361	1118	948	823	844	764	681	614
30	12	3267	2682	2275	1976	2088	1833	1633	1473	1157	1122	1044	976
	24	2275	1746	1416	1191	1633	1341	1138	988	1044	916	817	736
40	12	4355	3577	3034	2634	2784	2444	2178	1964	1543	1496	1392	1301
	24	3034	2328	1888	1588	2178	1788	1517	1317	1392	1222	1089	982
50	12	5444	4471	3792	3293	3480	3055	2722	2455	1929	1870	1740	1627
	24	3792	2910	2360	1985	2722	2235	1896	1646	1740	1527	1361	1227
75	12	8166	6706	5689	4939	5220	4582	4083	3682	2899	2805	2610	2440
	24	5689	4365	3540	2978	4083	3353	2844	2470	2610	2291	2042	1841
100	12	10889	8941	7585	6586	6960	6109	5444	4910	3958	3740	3480	3254
	24	7585	5819	4721	3971	5444	4471	3792	3293	3480	3055	2722	2455

职工食堂、餐饮业、影剧院、体育场（馆）、商场和其他场所（按座位）等化粪池（罐）服务总人数选用表 （$b_f=5\%\sim10\%$, $t_n=90d$） 表 5-39

有效容积 V(m³)	污水在池中停留时间 t_w(h)	$q_n=0.07L/(人·d)$ 每人每日计算污水量 q_w [L/(人·d)]					$q_n=0.10L/(人·d)$ 每人每日计算污水量 q_w [L/(人·d)]				
		10	20	30	40	50	10	20	30	40	50
2	12	4985~2493	3071~1536	2219~1110	1737~869	1427~714	4292~2146	2793~1397	2070~1035	1645~822	1364~682
	24	3071~1536	1737~869	1211~606	930~465	754~377	2793~1397	1645~822	1166~583	903~451	736~368
4	12	9970~4985	6143~3071	4439~2219	3475~1737	2855~1427	8584~4292	5587~2793	4141~2070	3289~1645	2729~1364
	24	6143~3071	3475~1737①	2422~1211	1859~930	1509~754	5587~2793	3289~1645	2331~1166	1805~903	1473~736
6	12	11403~5701	9214~4607	6658~3329	5212~2606	4282~2141	12876~6438	8380~4190	6211~3106	4934~2467	4093~2046
	24	9214~4607	5212~2606	3634~1817	2789~1395	2263~1132	8380~4190	4934~2467	3497~1748	2708~1354	2209~1105
9	12	22433~11216	13821~6910	9987~4993	7818~3909	6423~3212	19313~9657	12570~6285	9317~4658	7401~3701	6139~3070
	24	13821~6910	7818~3909	5451~2725	4184~2092	3395~1697	12570~6285	7401~3701	5245~2622	4061~2031	3314~1657
12	12	29910~14955	18428~9214	13316~6658	10424~5212	8564~4282	25751~12876	16760~8380	12422~6211	9868~4934	8186~4093
	24	18428~9214	10424~5212	7267~3634	5578~2789	4526~2263	16760~8380	9868~4934	6993~3497	5415~2708	4418~2209
16	12	39880~19940	24570~12285	17754~8877	13899~6949	11419~5709	34335~17167	22346~11173	16563~8282	13158~6579	10914~5457
	24	24570~12285	13899~6949	9690~4845	7438~3719	6035~3018	22346~11173	13158~6579	9324~4662	7220~3610	5891~2946
20	12	49850~24925	30713~15356	22193~11096	17373~8687	14273~7137	42918~21459	27933~13966	20704~10357	16447~8224	13643~6821
	24	30713~15356	17373~8687	12112~6056	9297~4649	7544~3772	27933~13966	16447~8224	11655~5828	9025~4513	7364~3682
25	12	62313~31157	38391~19195	27741~13870	21716~10858	17842~8921	53648~26824	34916~17458	25880~12940	20559~10280	17053~8527
	24	38391~19195	21716~10858	15141~7570	11621~5811	9430~4715	34916~17458	20559~10280	14569~7284	11282~5641	9205~4602
30	12	74776~37388	46069~23034	33289~16644	26060~13030	21410~10705	64378~32189	41899~20950	31056~15528	24671~12336	20464~10232
	24	46069~23034	26060~13030	18169~9084	13946~6973	11316~5658	41899~20950	24671~12336	17483~8741	13538~6769	11046~5523
40	12	99761~49850	61425~30713	44385~22193	34746~17373	28547~14273	85837~42918	55866~27933	41408~20704	32895~16447	27285~13643
	24	61425~30713	34746~17373	24225~12112	18594~9297	15088~7544	55866~27933	32895~16447	23310~11655	18051~9025	14728~7364
50	12	124626~62313	76781~38391	55482~27741	43433~21716	35684~17842	107269~53648	69832~34916	51760~25880	41118~20559	34106~17053
	24	76781~38391	43433~21716	30281~15141	23243~11621	18859~9430	69832~34916	41118~20559	29138~14569	22563~11282	18409~9205
75	12	185939~93470	115172~57586	83222~41611	65149~32575	53526~26763	160944~80472	104749~52374	77640~38820	61678~30839	51160~25580
	24	195172~97586	65149~32575	45422~22711	34864~17432	28289~14145	104749~52374	61678~30839	43706~21853	33845~16922	27614~13807
100	12	249252~124626	153563~76781	110963~55482	86866~43433	71367~35684	214592~107296	139665~69832	103520~51760	82237~41118	68213~34106
	24	153563~76781	86866~43433	60562~30281	46486~23243	37719~18859	139665~69832	82237~41118	58275~29138	45126~22563	36819~18409

①原表为 347~17375 有误。经计算应为 3475~1737 予以更改。

职工食堂、餐饮业、影剧院、体育场（馆）、商场和其他场所（按座位）等化粪池（罐）服务总人数选用表（$b_t=5\%\sim10\%$，$t_n=180d$） 表 5-40

有效容积 V(m³)	污水在池中停留时间 t_w(h)	$q_n=0.07L/(人\cdot d)$ 每人每日计算污水量 q_w [L/(人·d)]					$q_n=0.10L/(人\cdot d)$ 每人每日计算污水量 q_w [L/(人·d)]				
		10	20	30	40	50	10	20	30	40	50
2	12	3621~1810	2493~1246	1900~950	1536~768	1288~644	2933~1466	2146~1073	1692~846	1397~698	1189~595
	24	2493~1246	1536~768	1110~555	869~434	714~357	2146~1073	1397~698	1035~518	822~411	682~341
4	12	7241~3621	4985~2493	3801~1900	3071~1536	2577~1288	5865~2933	4292~2146	3384~1692	2793~1397	2378~1189
	24	4985~2493	3071~1536	2219~1110	1737~869	1427~714	4292~2146	2793~1397	2070~1035	1645~822	1364~682
6	12	10862~5431	7478~3739	5701~2851	4607~2303	3865~1932	8798~4399	6438~3219	5076~2538	4190~2095	3567~1784
	24	7478~3739	4607~2303	3329~1664	2606~1303	2141~1071	6438~3219	4190~2095	3106~1553	2467~1234	2046~1023
9	12	16293~8146	11216~5608	8552~4276	6910~3455	5797~2899	13196~6598	9657~4828	7614~3807	6285~3142	5351~2675
	24	11216~5608	6910~3455	4993~2497	3909~1954	3212~1606	9657~4828	6285~3142	4658~2329	3701~1850	3070~1535
12	12	21723~10862	14955~7478	11403~5701	9214~4607	7730~3865	17595~8798	12876~6438	10152~5076	8380~4190	7134~3567
	24	14955~7478	9214~4607	6658~3329	5212~2606	4282~2141	12876~6438	8380~4190	6211~3106	4934~2467	4093~2046
16	12	28965~14482	19940~9970	15203~7602	12285~6143	10307~5153	23460~11730	17167~8584	13536~6768	11173~5587	9512~4756
	24	19940~9970	12285~6143	8877~4439	6949~3475	5709~2855	17167~8584	11173~5587	8282~4141	6579~3289	5457~2729
20	12	36206~18103	24925~12463	19004~9502	15356~7678	12883~6442	29326~14663	21459~10730	16920~8460	13966~6983	11891~5945
	24	24925~12463	15356~7678	11096~5548	8687~4343	7137~3568	21459~10730	13966~6983	10352~5176	8224~4112	6821~3411
25	12	45257~22629	31157~15578	23755~11878	19195~9598	16104~8052	36657~18328	26824~13412	21151~10575	17458~8729	14863~7432
	24	31157~15578	19195~9598	13870~6935	10858~5429	8921~4460	26824~13412	17458~8729	12940~6470	10280~5140	8527~4263
30	12	54308~27154	37388~18694	28506~14253	23034~11517	19325~9662	43988~21994	32189~16094	25381~12690	20950~10475	17836~8918
	24	37388~18694	23034~11517	16644~8322	13030~6515	10705~5353	32189~16094	20950~10475	15528~7764	12336~6168	10232~5116
40	12	72411~36206	49850~24925	38008~19004	30713~15356	25767~12883	58651~29326	42918~21459	33841~16920	27933~13966	23781~11891
	24	49850~24925	30713~15356	22193~11096	17373~8687	14273~7137	42918~21459	27933~13966	20704~10352	16447~8224	13643~6821
50	12	90514~45257	62313~31157	47510~23755	38591~19195	32208~16104	73314~36657	53648~26824	42301~21151	34916~17458	29727~14863
	24	62313~31157	38391~19195	27741~13870	21716~10858	17842~8921	53648~26824	34916~17458	25880~12940	20559~10280	17053~8527
75	12	135771~67886	93470~46735	71266~35633	57586~28793	48312~24156	109971~54985	80472~40236	63452~31726	52374~26187	44590~22295
	24	93470~46735	57586~28793	41611~20806	32575~16287	26763~13381	80472~40236	52374~26187	38820~19410	30839~15419	25580~12790
100	12	181028~90514	124626~62313	95021~47510	76781~38391	64416~32208	146628~73314	107296~53648	84602~42301	69832~34916	59453~29727
	24	124626~62313	76781~38391	55482~27741	43433~21716	35684~17842	107296~53648	69832~34916	51760~25880	41118~20559	34106~17053

职工食堂、餐饮业、影剧院、体育场（馆）、商场和其他场所（按座位）等化粪池（罐）服务总人数选用表　表5-41

$q_n = 0.07 L/(人·d)$　　$q_n = 0.10 L/(人·d)$　　$b_f = 5\%~10\%$，$t_n = 360d$

有效容积 $V(m^3)$	污水在池中停留时间 $t_w(h)$	每人每日计算污水量 q_w [L/(人·d)]					每人每日计算污水量 q_w [L/(人·d)]				
		10	20	30	40	50	10	20	30	40	50
2	12	2315~1157	1810~905	1476~738	1246~623	1078~539	1620~810	1466~733	1239~620	1073~536	946~473
	24	1810~905	1246~623	950~475	768~384	644~322	1466~733	1073~536	846~423	698~349	595~297
4	12	4629~2315	3621~1810	2952~1476	2493~1246	2157~1078	3241~1620	2933~1466	2478~1239	2146~1073	1892~946
	24	3621~1810	2493~1246	1990~950	1536~768	1288~644	2933~1466	2146~1073	1692~846	1397~698	1189~596
6	12	6944~3472	5431~2715	4429~2214	3739~1869	3235~1617	4861~2430	4399~2199	3717~1859	3219~1609	2838~1419
	24	5431~2715	3739~1869	2851~1425	2303~1152	1932~966	4399~2199	3219~1609	2538~1269	2095~1047	1784~892
9	12	10416~5208	8146~4073	6643~3322	5608~2804	4852~2426	7291~3646	6598~3299	5576~2788	4848~2414	4257~2129
	24	8146~4073	5608~2804	4276~2138	3455~1728	2899~1449	6598~3299	4828~2414	3807~1904	3142~1571	2675~1338
12	12	13889~6944	10862~5431	8857~4429	7478~3739	6470~3235	9722~4861	8798~4399	7435~3717	6438~3219	5676~2838
	24	10862~5431	7478~3739	5701~2851	4607~2303	3865~1932	8798~4399	6438~3219	5076~2538	4190~2096	3567~1784
16	12	18518~9259	14482~7241	11810~5905	9970~4985	8626~4313	12963~6481	11730~5865	9913~4957	8584~4292	7569~3784
	24	14482~7241	9970~4985	7602~3801	6143~3071	5153~2577	11730~5865	8584~4292	6768~3384	5587~2793	4756~2378
20	12	23148~11574	18103~9051	14762~7381	12463~6231	10783~5391	16204~8102	14663~7331	12392~6196	10730~5365	9461~4730
	24	18103~9051	12463~6231	9502~4751	7678~3839	6442~3221	14663~7331	10730~5365	8460~4230	6983~3492	5945~2973
25	12	28935~14467	22629~11314	18453~9226	15578~7789	13479~6739	20254~10127	18328~9164	15489~7745	13412~6706	11826~5913
	24	22629~11314	15578~7789	11878~5939	9598~4799	8052~4026	18328~9164	13412~6706	10575~5288	8729~4365	7432~3716
30	12	35096~17548	27154~13577	22143~11072	18694~9347	16174~8087	26930~13465	21994~10997	18587~9294	16094~8047	14191~7096
	24	27154~13577	18694~9347	14253~7127	11517~5759	9662~4831	21994~10997	16094~8047	12690~6345	10475~5237	8918~4459
40	12	46795~23397	36206~18103	29525~14762	24925~12463	21566~10783	35907~17953	29326~14663	24783~12392	21459~10730	18921~9461
	24	36206~18103	24925~12463	19004~9502	15356~7678	12883~6442	29326~14663	21459~10730	16920~8460	13966~6983	11891~5945
50	12	58493~29247	45257~22629	36906~18453	31157~15578	26957~13479	44883~22442	36657~18328	30979~15489	26824~13412	23652~11826
	24	45257~22629	31157~15578	23755~11878	19195~9598	16104~8052	36657~18328	26824~13412	21151~10575	17458~8729	14863~7432
75	12	87740~43870	67886~33943	55359~27679	46735~23367	40436~20218	67325~33662	54985~27493	46468~23234	40236~20118	35478~17739
	24	67886~33943	46735~23367	35633~17816	28793~14396	24156~12078	54985~27493	40236~20118	31726~15863	26187~13094	22295~11147
100	12	116986~58493	90514~45257	73812~36906	62313~31157	53914~26957	89767~44883	73314~36657	61958~30979	53648~26824	47304~23652
	24	90514~45257	62313~31157	47510~23755	38391~19195	32208~16104	73314~36657	53648~26824	42301~21151	34916~17458	29727~14863

（10）玻璃钢化粪池生产厂家见表5-42。

<table>
<tr><td colspan="4" style="text-align:center">玻璃钢化粪池生产厂家　　　　　　　　　　　　表5-42</td></tr>
<tr><th>序号</th><th>厂址</th><th>生产厂家</th><th>规格（m³）</th></tr>
<tr><td colspan="4">华北地区（京津冀晋内蒙古）</td></tr>
<tr><td colspan="4">北京市</td></tr>
<tr><td>1</td><td>朝阳区（生化池）</td><td>中能国兴（北京）环保科技有限公司</td><td>2～50</td></tr>
<tr><td>2</td><td>大兴区</td><td>北京京港中天玻璃钢有限公司</td><td>1～120</td></tr>
<tr><td>3</td><td>大兴区</td><td>北京华强瑞达玻璃钢有限公司</td><td>20～100</td></tr>
<tr><td>4</td><td>大兴区</td><td>北京新宝永昌玻璃钢有限公司</td><td>10～1000</td></tr>
<tr><td>5</td><td>大兴区</td><td>北京水立方玻璃钢制品有限公司</td><td>1～100</td></tr>
<tr><td>6</td><td>昌平区</td><td>北京昌平腾达玻璃钢厂</td><td>2～100</td></tr>
<tr><td>7</td><td>顺义区</td><td>北京潮白环保设备有限公司</td><td>4～75</td></tr>
<tr><td colspan="4">天津市</td></tr>
<tr><td>8</td><td>南开区</td><td>天津市中环玻璃钢有限公司</td><td>5种规格</td></tr>
<tr><td colspan="4">河北省</td></tr>
<tr><td>9</td><td>石家庄新华区</td><td>河北长远玻璃钢有限公司</td><td>1～100</td></tr>
<tr><td>10</td><td>石家庄裕华区</td><td>河北佰益环保工程有限公司</td><td>型号齐全</td></tr>
<tr><td>11</td><td>枣强县东外环路</td><td>河北盛润玻璃钢有限公司</td><td>1～10</td></tr>
<tr><td>12</td><td>枣强县胜利北路</td><td>河北盛通玻璃钢有限公司</td><td>1～100</td></tr>
<tr><td>13</td><td>枣强县富强路</td><td>河北六强玻璃钢有限公司</td><td>5～100</td></tr>
<tr><td>14</td><td>枣强县富强北路</td><td>河北瑞泽玻璃钢有限公司</td><td>1～100</td></tr>
<tr><td>15</td><td>枣强县富强北路</td><td>河北宏润玻璃钢有限公司</td><td>2～100</td></tr>
<tr><td>16</td><td>枣强县富强北路</td><td>河北科力空调工程有限公司</td><td>1～100</td></tr>
<tr><td>17</td><td>枣强县富强北路</td><td>河北富瑞复合材料有限公司</td><td>1～100</td></tr>
<tr><td>18</td><td>枣强县富强北路</td><td>河北佰益达环保设备有限公司</td><td>3～100</td></tr>
<tr><td>19</td><td>枣强县富强北路</td><td>河北智凯玻璃钢有限公司</td><td>3～50</td></tr>
<tr><td>20</td><td>枣强县老衡大路</td><td>河北科乐玻璃钢制品有限公司</td><td>1～110</td></tr>
<tr><td>21</td><td>枣强县工业园</td><td>河北曼吉科工艺玻璃钢有限公司</td><td>2～100</td></tr>
<tr><td>22</td><td>枣强县工业园</td><td>河北金悦能源科技开发有限公司</td><td>1～100</td></tr>
<tr><td>23</td><td>枣强县玻璃钢科技园</td><td>河北凯利莱玻璃钢有限公司</td><td>多种型号</td></tr>
<tr><td>24</td><td>枣强县玻璃钢城</td><td>河北联益玻璃钢有限公司</td><td>30、50、100</td></tr>
<tr><td>25</td><td>枣强县玻璃钢城工业园</td><td>河北耀强科技开发有限公司</td><td>1～100</td></tr>
<tr><td>26</td><td>衡水市枣强县富强北路</td><td>河北华强科技开发有限公司</td><td>2～100</td></tr>
<tr><td>27</td><td>枣强县玻璃钢城工业园</td><td>河北双飞玻璃钢有限公司</td><td>新农村1～100</td></tr>
<tr><td>28</td><td>枣强县玻璃钢城工业园</td><td>河北润霖环保科技有限公司</td><td>2～50</td></tr>
<tr><td>29</td><td>枣强县玻璃钢城工业街</td><td>河北恒辉玻璃钢有限公司</td><td>3—200</td></tr>
<tr><td>30</td><td>枣强县门庄工业园</td><td>河北冀鳌玻璃钢制品有限公司</td><td>新农村1～100</td></tr>
<tr><td>31</td><td>枣强县肖家镇工业园</td><td>河北省枣强县永大玻璃钢有限公司</td><td>1～100</td></tr>
<tr><td>32</td><td>枣强县东外环路</td><td>枣强县盛润环保玻璃钢制品厂</td><td>1～100</td></tr>
<tr><td>33</td><td>枣强县东外环路</td><td>枣强祥润玻璃钢制品厂</td><td>1～100</td></tr>
<tr><td>34</td><td>枣强县东外环北路</td><td>枣强县金圣泽玻璃钢有限公司</td><td>新农村1～10</td></tr>
<tr><td>35</td><td>枣强县北外环路</td><td>枣强县宏益玻璃钢有限公司</td><td>1～100</td></tr>
<tr><td>36</td><td>枣强县富强路</td><td>枣强县鸿宇复合材料有限公司</td><td>按国家规定</td></tr>
</table>

序号	厂址	生产厂家	规格（m³）
37	枣强县枣强路	枣强县亦天玻璃钢有限公司	1~100
38	枣强县富强北路	枣强县盛泽玻璃钢厂	1~100
39	枣强县富强北路	枣强县义诚信玻璃钢厂	2~75
40	枣强县富强北路	枣强县昱诚玻璃钢制品厂	1~200
41	枣强县富强北路	枣强县晟达玻璃钢制品厂	3~20
42	枣强县富强北路	枣强县润源玻璃钢制品经销部	型号齐全
43	枣强县建设北路	枣强县万利玻璃钢厂	10~100
44	枣强县工业园	枣强县耀红玻璃钢橡塑制品厂	2~100
45	枣强县玻璃钢城	枣强县斯玻特玻璃钢有限公司	2~100
46	枣强县玻璃钢城	枣强县宏安玻璃钢有限公司	3~50
47	枣强县玻璃钢城材料街	枣强中天玻璃钢制品有限公司	1~100
48	枣强县玻璃钢城工业园	枣强县中科环保玻璃钢制品厂	各种型号
49	枣强县玻璃钢城工业园	枣强县真旺玻璃钢有限公司	型号齐全
50	枣强县玻璃钢城工业园	枣强县众信玻璃钢环保制品厂	2~30
51	枣强县玻璃钢城工业园	枣强县兴达玻璃钢制品厂	2~75
52	枣强县玻璃钢城工业园	枣强县彭瑞玻璃钢加工厂	1~100
53	枣强县门庄工业园	枣强县润达防腐环保设备厂	1~100
54	枣强县王洼工业区	枣强县利恒来橡塑制品厂	1~100
55	枣强县胡仁屯村	枣强县华业玻璃钢厂	1~100
56	枣强县王常乡赵林村	枣强县安达玻璃钢防腐厂	型号齐全
57	枣强县东外环路	衡水旗昊玻璃钢制品有限公司	1~100
58	枣强县新华西街	衡水向阳玻璃钢制造有限公司	2~60
59	衡水市桃城区	衡水帮洁环保科技有限责任公司	1~100
60	冀州市周胡开发区	河北立森电缆桥架有限公司	3~100
61	冀州市南尉迟	冀州市万信复合材料设备有限公司	2~100
62	冀州市兴华南大街	冀州市艺科复合材料有限公司	1~100
63	黄骅市旧城工业区	黄骅市恒业兴科玻璃钢有限公司	1~150
山西省			
64	太原市尖草坪区	山西青山环保工程有限公司	2~50
65	太原市万柏林区	太原市瑞丰玻璃钢厂	1~100
内蒙古自治区			
66	包头市青山区	内蒙古可耐特玻璃钢有限公司	1~120
东北地区（辽吉黑）			
辽宁省			
67	沈阳市东陵区	辽宁威尔森水处理设备有限公司①	1~100
黑龙江省			
68	哈尔滨市	哈尔滨市道外区中信玻璃钢环保设备销售处	1~100
西北地区（陕甘宁青新）			
陕西省			
69	西安市未央区	陕西普尔顿环保科技有限公司	2~100
70	西安市灞桥区	西安明润防腐涂料有限公司	1—200
71	西安市沣渭新区镐京工业园	陕西荣森科工贸有限公司	2~100

序号	厂址	生产厂家	规格（m³）
72	汉中城固县博望镇西寨开发区	城固县耐特环保设备厂	1～100
73	汉中城固县博望镇西寨村	城固县新西北玻璃钢厂	2～50
	宁夏回族自治区		
74	中卫迎水镇	宁夏金月建设工程服务有限公司	2～200
	新疆维吾尔自治区		
75	乌鲁木齐经济技术开发区	新疆新元亨复合材料有限公司	各种型号
	华东地区（沪鲁苏皖赣浙闽）		
	上海市		
76	宝山区	上海上耀新材料科技有限公司	2.5
77	嘉定区	上海冠民环保科技有限公司	1、10
78	松江区	上海益井环保科技有限公司	2、4、6、9、12
79	闵行区	江苏伟帅塑业有限公司	1～50
80	浦东新区	上海众旗实业有限公司	1～90
	山东省		
81	莱芜市高新区	山东处处牛新型建材有限公司	10～100
82	莱芜市莱城区鑫程工业园	山东海之蓝环保工程有限公司	规格齐全
83	泰安岱岳区	泰安恒泰尔玻璃钢有限公司	2～100
84	泰安岱岳区	泰安市岱岳区德尔旺玻璃钢制品中心	型号齐全
85	泰安泰山区	泰安市自强建材有限公司	2～150
86	德州经济技术开发区	山东霖盛玻璃钢制品有限公司	1～100
87	安丘市西外环路	安丘市华翔冷却塔厂	2～50
88	安丘市经济技术开发区	安丘市双信玻璃钢有限公司	型号齐全
89	安丘市经济技术开发区	安丘市瑞阳玻璃钢厂	2～100
90	安丘市经济开发区	安丘可尔特玻璃钢复合材料有限公司	5～100
91	安丘市经济开发区	安丘市博源玻璃钢厂	10～100
92	安丘市经济开发区	山东瑞兴玻璃钢有限公司	30～300
93	安丘市经济开发区	潍坊江涛玻璃钢有限公司	4～100
94	安丘市新安街道办事处涝洼村	安丘市梦圆玻璃钢制品厂	2～100
95	安丘市刘家尧镇	安丘市裕海玻璃钢厂	5～100
96	武城鲁权屯镇工业园	武城县鲁权屯镇耀华玻璃钢加工处	2～100
97	诸城市兴华东路	山东核工环境工程有限公司	1～50
98	诸城市经济开发区	山东金昊三扬环保机械股份有限公司	2～50
99	诸城市杨春工业园	诸城市天源环保设备有限公司	1～100
100	诸城市密州街道杨家岭工业园	诸城市鹏程环保设备有限公司	50～500
	江苏省		
101	昆山市	昆山博乐雅环保科技有限公司	1～500
102	无锡市滨湖区	无锡市新大地合成材料有限公司	1～100
103	无锡市锡山区	无锡市绰年复合材料有限公司	1～100
104	无锡市新区鸿山镇鸿声工业园	无锡市鸿兴玻璃钢制造厂	型号齐全
105	无锡市北塘区	无锡市盐建给水设备有限公司	2～100
106	常州市天宁区	上海谆华工贸有限公司	1～100
107	宜兴市新建镇工业集中区	无锡市永春科技有限公司	1～200

序号	厂址	生产厂家	规格（m³）
108	宜兴市新建镇	江苏康贝因生态环境科技有限公司	5～200
109	宜兴市高塍环保工业园	江苏吉翔环保科技有限公司	3～50
110	宜兴市高塍镇	宜兴市虹宇环保设备厂	2～60
111	淮安市淮阴区	淮安市永盛复合材料有限公司	依据标准
112	江阴市春阳镇	江阴普顿塑胶有限公司	0.8～100
113	江阴市南闸镇	江阴恒通管业有限公司	0.6～10
114	张家港市塘桥镇	张家港市塘桥镇鹿苑马嘶玻璃钢厂	1～100
115	张家港市塘桥镇	张家港市华能玻璃钢有限公司	1～100
116	连云港市新浦区	连云港乾宇科技有限公司	1～100
117	宿迁泗阳县	江苏通威玻璃钢有限公司	1～100
118	宿迁泗阳县李口镇道口工业园	宿迁通成玻璃钢有限公司	2～100
119	建湖县	江苏凯华怡环保实业有限公司	2～100
120	建湖县	盐城凯盛水箱有限公司	5.5～48
121	溧水县永阳镇永阳创业园	南京博昌环保设备有限公司	5～150
122	沭阳县	沭阳县荣盛供水设备有限公司	1～150
		安徽省	
123	合肥瑶海区	合肥路固建材设备有限公司	1.5～100
124	安庆市迎江区	安庆永祥玻璃钢设备制造有限公司	2～50
		江西省	
125	南昌市昌南工业园	南昌市青云谱区昌南玻璃钢厂	2～100
126	赣州市经济开发区	赣州众顺环保容器设备有限公司	2～100
127	赣州市经济开发区	江西明辉环保科技有限公司	2～100
128	德兴香屯生态市工业园	江西瑞麟复合材料科技有限公司	2～100
		浙江省	
129	杭州市余杭区	杭州鲜科环保科技有限公司	5～100
130	杭州市富阳区	杭州远通实业有限公司	新农村1～50
131	杭州市富阳区	杭州联通管业有限公司	1～100
132	宁波市	宁波塑通管业有限公司	2～50
133	绍兴市上虞区	上虞市奥帅制冷工业有限公司	农村家用1、1.5、2
134	温州乐清市柳市镇	温州嘉华环保设备有限公司	2～100
135	永康市前仓工业区	永康市洁都工贸有限公司	1～50
136	桐乡市河山镇	桐乡和盛复合材料有限公司	1～10
137	长兴县	浙江申泰管业有限公司	1～8
		福建省	
138	福州市	福建鑫兴丰管业有限公司	1～100
139	福州市晋安区	福建宜联管业有限公司	1～100
140	福州市晋安区鼓山镇	福建井恒建材有限公司	3～60
141	福州闽侯县	福建省蓝深环保技术股份有限公司	1～500
142	晋江市	晋江市牧川机械设备有限公司	1～100
143	南安市梅山镇杨塘垅工业区	泉州市恒诺环保科技有限公司	1～100
144	南安市官桥镇山林工业区	福建英辉玻璃钢科技有限公司	1～100
145	漳州市芗城区	中恒科佳（漳州）玻璃钢制品有限公司	16～160
		中南地区（豫鄂湘粤桂琼）	
		河南省	
146	漯河市召陵区	漯河市金娃建材有限公司	2～100

序号	厂址	生产厂家	规格（m³）
147	沁阳市	沁阳市双利玻璃钢制品有限公司	6～100
148	沁阳市西向镇行口工业区	沁阳市久圣实业有限公司	各种规格
149	沁阳市西紫陵工业园	沁阳市大海科技工程有限公司	各种型号
150	沁阳市沁北工业集聚区	沁阳市育炜化工有限公司	方形、圆形多种
湖北省			
151	武汉市武昌区白沙洲工业园	武汉明珠玻璃钢	2～50
152	武汉市洪山区	武汉若谷建筑材料有限公司	1～100
153	武汉市东西湖区	武汉艺吉复合材料有限公司	1～100
154	武汉市东西湖区	武汉市东西湖区武玻管道厂	1～300
155	孝感市汉川市华严农场开发区	汉川市金润玻璃钢设备有限公司	1～100
湖南省			
156	长沙市雨花区	湖南清之源环保科技有限公司	农村1～5
157	长沙市暮云工业园	长沙县颖科复合材料有限公司	1～100
158	株洲市天元区	湖南富利来环保科技工程有限公司	1.5～100
广东省			
159	广州市天河区	广州市怀德机电设备有限公司	2～100
160	广州市天河区	广州千科呈环保科技有限公司	2～100
161	广州市番禺区	广州全康环保设备有限公司	1～150
162	广州市番禺区	广州龙康机电设备有限公司	2～100
163	广州市番禺区南村东线工业区	龙康机电设备（广州）有限公司	2～150
164	广州市花都区	广州誉隆环保科技有限公司	2～30
165	广州市花都区赤坭镇黄沙塘工业区	广州市康威复合材料有限公司	1～100
166	广州市花都区花山镇和郁村第二工业区	广州市华英防腐设备有限公司	2～100
167	佛山市顺德区陈村镇潭村工业区	佛山市高明柯源环保设备有限公司	各式型号
168	佛山市南开区桂城平州工业园	佛山市敦泰阀门机电设备有限公司	1～100
169	佛山市南开区罗村联和工业区	佛山铭瀚环保设备有限公司	2～100
170	东莞市	圣荣手板模型科技	1～200
171	东莞市谢岗镇第五工业区裕高工业园	东莞地美环保科技有限公司	2～100
172	深圳市宝安区喜来居第三工业园	深圳市维凯机电设备有限公司	4～100
173	深圳市龙岗区	深圳市立春环保科技有限公司	1～100
174	广东深圳市龙岗区坪山新区碧岭工业区	深圳市瑞鑫阳玻璃钢科技有限公司	2～100
广西壮族自治区			
175	南宁市西乡塘区	广西南宁铭坤玻璃钢有限公司	2～150
176	南宁市西乡塘区	广西汇水源环保科技有限公司	2～100
177	南宁市西乡塘区	南宁龙康建筑材料制造有限公司（商业服务）	2～150
西南地区（渝蜀黔滇藏）			
四川省			
178	绵阳市涪城区新皂镇	绵阳市涪城区艺恒玻璃钢厂	多规格（≥20）
179	威远县威玻工业园	四川锐讯网络科技有限公司	10～100

序号	厂址	生产厂家	规格（m³）
		贵州省	
180	六盘水市红桥新区	贵州晟瑞玻璃钢设备有限公司	2、10、30、50

① 辽宁威尔森水处理设备有限公司是威尔森集团环保企业联盟中在东北唯一的生产基地，公司位于沈阳市东陵区，是东北地区最大的排水设备生产企业，也是辽宁省标准化图集《排水工程安装（化粪池）》（辽011S201—1）的主编单位。威尔森环保企业联盟是以全国二十余家应用威尔森环保技术进行生产和研发的企业共同成立的高新技术企业联盟。联盟成员如下：

华北地区：
北京华强瑞达玻璃钢有限公司（北京市大兴区）
北京金圣泽科技有限公司（北京市大兴区）
北京旭瑞升科技有限公司（北京市大兴区）
河北曼吉科工艺玻璃钢有限公司（枣强县工业园）
河北华强科技开发有限公司（衡水市枣强县富强北路）
河北润霖环保科技有限公司（枣强县玻璃钢城工业园）
河北冀鳌玻璃钢制品有限公司（枣强县门庄工业园）
枣强县大兴玻璃钢制品厂（枣强县东外环路）
河北华盛节能设备有限公司（枣强县北环东路）
枣强县盛泽玻璃钢厂（枣强县富强北路）
枣强县金智玻璃钢制品厂（枣强县富强北路）
枣强县万利玻璃钢厂（枣强县建设北路）
枣强县巨石玻璃钢有限公司（枣强县恒力街）
枣强县宝瑞泰玻璃制品厂（枣强县玻璃钢城）
枣强县斯玻特玻璃钢有限公司（枣强县玻璃钢城）
枣强县真旺玻璃钢有限公司（枣强县玻璃钢城工业园）
枣强县彭瑞玻璃钢加工厂（枣强县玻璃钢城工业园）
枣强中天玻璃钢制品有限公司（枣强县玻璃钢城材料街）
枣强县宏星玻璃钢防腐设备厂（枣强县马屯镇流常工业区）
太原市瑞丰玻璃钢厂（太原市尖草坪区）

华东地区：
潍坊江涛玻璃钢有限公司（潍坊市经济开发区）
山东霖盛玻璃钢制品有限公司（德州市）
武城县鲁权屯镇耀华玻璃钢加工处（德州市武城县鲁权屯镇马庄）
安丘市瑞阳玻璃钢厂（安丘市经济技术开发区）
安丘市梦圆玻璃钢制品厂（安丘市新安街道办事处涝洼村）
南京新光玻璃钢有限公司（南京市高淳区）
仪征市马集镇百得玻璃钢制品厂（扬州市仪征市马集镇）
淮安市永盛复合材料有限公司（淮安市淮阴区丁集镇）
温州嘉华环保设备有限公司（温州市乐清市柳市镇）

中南地区：
汉川市金润玻璃钢设备有限公司（武汉市汉川市）
广东滕润建设工程有限公司（广州市时代玫瑰园）
广州千科呈环保科技有限公司（广州市天河区）

2. 地埋式一体化污水处理设备

地埋式一体化污水处理设备采用膜生物反应器（简称MBR）技术，是生物处理技术与膜分离技术相结合的一种新工艺。被广泛地应用于高级宾馆、别墅小区及居民住宅小区的生活污水和与之相似的工业有机污水处理，替代了去除效率低、处理后出水不能达到国家综合排放标准的化粪池。经该设备处理的出水水质，高于国家二级排放标准。

据调查，20世纪70年代在美国、日本、南非和欧洲许多国家就已开始将膜生物反应器用于污水和废水处理的研究工作。目前日本有1000余座MBR在运转。

（1）适用范围

地埋式一体化污水处理设备适用于旅游区、风景区、别墅小区、度假区、疗养院、部队、农村及居民住宅小区的生活污水和与之相似的工业有机污水处理。

换言之，适用于宾馆、疗养院、医院、学校、住宅小区、别墅小区等生活污水的处理及水产加工厂、牲畜加工厂、鲜奶加工厂等生产废水的处理。

（2）结构简介示例

诸城市清水环保装备有限公司结构示意图见图5-10；

郑州云铁机械设备有限公司污水处理器结构示意图见图5-11；

南京蓝宝石环保装备有限公司结构示意图见图5-12；

福建省蓝深环保技术股份有限公司结构示意图见图5-13。

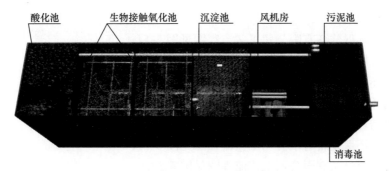

图 5-10 诸城市清水环保装备有限公司结构示意图

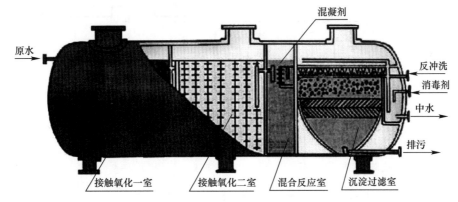

图 5-11 郑州云铁机械设备有限公司污水处理器结构示意图

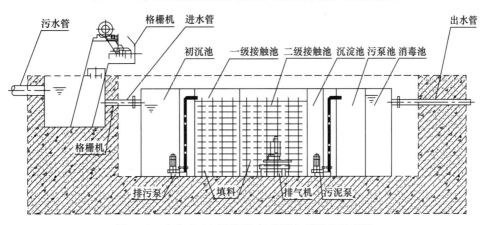

图 5-12 南京蓝宝石环保装备有限公司结构示意图

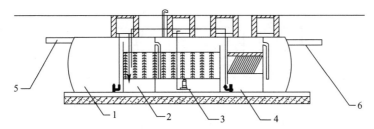

图 5-13 福建省蓝深环保技术股份有限公司结构示意图

1—调节池；2—水解酸化池；3—接触氧化池；4—沉淀池；

5—进水管；6—出水管

（3）工艺流程示例

诸城市清水环保装备有限公司工艺流程图见图5-14；

山东同业机械装备有限公司工艺流程图见图5-15；

宜兴通州环保科技有限公司工艺流程图见图5-16；

山东常润环保科技有限公司工艺流程图见图5-17；

江西省恩皓环保有限公司工艺流程图见图5-18；

宜兴市宏图环保设备有限公司工艺流程图见图5-19；

无锡得势环保科技有限公司工艺流程图见图5-20。

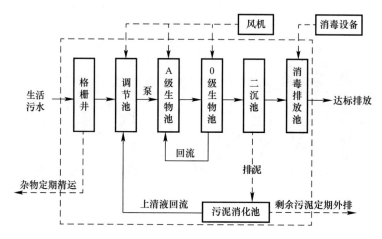

图5-14 诸城市清水环保装备有限公司工艺流程图

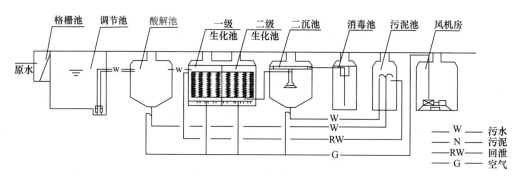

图5-15 山东同业机械装备有限公司工艺流程图

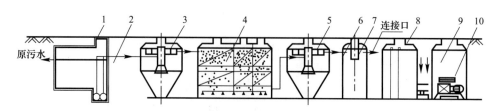

图5-16 宜兴通州环保科技有限公司工艺流程图

1—调节池（不在设备内）；2—潜污泵；3—缺氧池；4—三级接触氧化池；5—二沉池（两只并联运行）；

6—消毒池；7—消毒装置；8—污泥池；9—风机房；10—风机（两台交替运行）

注：处理污水量0.5～50m³/h范围可不设缺氧池，污水直接进入三级接触氧化池。

接触氧化池为二级，二沉池的污泥提至污泥池，污泥采用好氧消化。

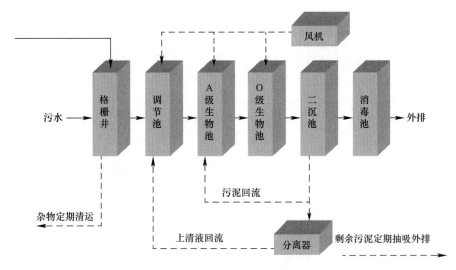

图 5-17　山东常润环保科技有限公司工艺流程图

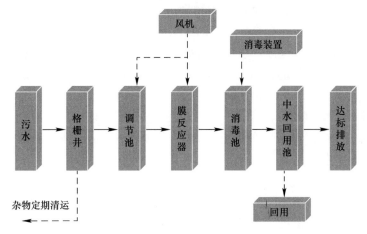

图 5-18　江西省恩皓环保有限公司工艺流程图

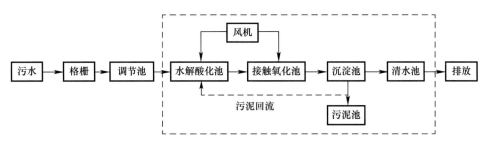

图 5-19　宜兴市宏图环保设备有限公司工艺流程图

（虚线框内为一体化污水处理设备）

（4）工艺流程说明示例（在无锡得势环保科技有限公司工艺原理基础上予以修改）

格栅：经管网系统汇集后的综合废水经格栅进入后续处理系统。格栅主要用来拦截污水中的大块漂浮物，以保证后续处理构筑物的正常运行及有效减轻处理负荷，为系统的长期正常运行提供保证。污水经格栅去除大块漂浮物后自流进入调节池。

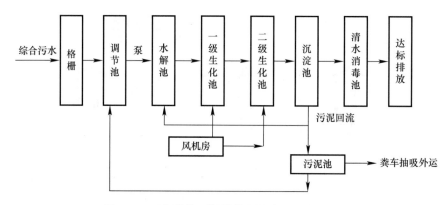

图 5-20　无锡得势环保科技有限公司工艺流程图

调节池：用于调节水量和均匀水质，使污水能比较均匀地进入后续处理单元。调节池中废水均质均量后，通过液位计控制由污水泵提升抽至水解池。

水解池：利用厌氧微生物来对废水中的 N、P、COD_{Cr}、BOD_5 等污染物进行降解。水解池内挂有弹性纤维复合填料以增加微生物量，池内存在高浓度的污泥混合液及生物膜，在池内有机物被兼氧菌降解，提高了废水的可生化性；同时在微生物的作用下，将有机氮和氨态氮转化为 N_2 和 N_XO 气体。水解池出水自流进入生化池（又称氧化池）。

生化池：在好氧微生物的作用下，将废水中的 NH_4^+ 转化为 NO_2^- 和 NO_3^-。同时借助池内弹性填料上附着的好氧微生物的氧化代谢作用，分解废水中的有机污染物，从而降低其 COD_{Cr}、BOD_5 等污染物指标。生化池出水自流进入沉淀池。

沉淀池：沉淀池的污水主要进行泥水分离，分离后清水流入清水消毒池经消毒达标排放，沉淀污泥经气提排泥装置（或称污泥气提泵）打入污泥池。

污泥池：经消化处理后，污泥池累积的剩余污泥由抽泥泵定期清理外运；上清液回流到水解池进行反硝化脱氮处理。

（5）地埋式一体化污水处理设备生产厂家见表 5-43。

地埋式一体化污水处理设备生产厂家　　　　　　　　　　表 5-43

序号	厂址	生产厂家	规格（m³/h）
华北地区（京津冀晋内蒙古）			
北京市			
1	朝阳区	中能国兴（北京）环保科技有限公司	10～100
2	房山区	北京景可润环保科技有限公司	1～50
河北省			
3	唐山市丰南区	唐山亨通科技有限公司	定制
西北地区（陕甘宁青新）			
陕西省			
4	西安市沣东新区	西安杰瑞环保设备有限公司	0.5～50
5	西安市雁塔区	西安华浦水处理设备有限公司	0.5～50
华东地区（沪鲁苏皖赣浙闽）			
上海市			
6	重庆市九龙坡区	上海越能环保工程技术有限公司	1～50

序号	厂址	生产厂家	规格（m³/h）
		山东省	
7	泰安市泰山区	山东润泉环保设备有限公司	0.5～500
8	青岛胶州市	青岛海宸环保节能科技有限公司	3～50
9	青岛市黄岛区	青岛坤增机械有限公司	1～200
10	胶南市	青岛博瑞环保工程有限公司	0.5～50
11	潍坊市	潍坊佳源水处理设备有限公司	1～100
12	潍坊市潍城区	潍坊兴业环保科技有限公司	0.5～100
13	潍坊市潍城区	潍坊恒远环保水处理设备有限公司	0.5～50
14	日照市	山东常润环保科技有限公司	1～50
15	青州市	山东碧思源环保科技有限公司	1～100
16	青州市	青州谭福环保设备有限公司	1～30
17	诸城市	山东金双联环保设备有限公司	0～200
18	诸城市	诸城市金隆机械制造有限责任公司	0.5～50
19	诸城市	诸城市华德环保设备制造有限公司	3～50
20	诸城市	诸城百思特环保设备有限公司	1～50
21	诸城市	诸城市中天机械有限公司	1～50
22	诸城市	山东水衡环保工程有限公司	0.5～30
23	诸城市	诸城市国一轻工机械有限公司	0.5～30
24	诸城市	诸城市鹏程环保设备有限公司	0.5～200
25	诸城市	山东华能金昊环境工程股份有限公司	1～50
26	诸城市	山东贝特尔环保科技有限公司	1～300
27	诸城市	山东金昊三扬环保机械股份有限公司	0.5～30
28	诸城市	诸城市日东贝特环保设备有限公司	0.5～500
29	诸城市	诸城市宏利机械厂	0.5～200
30	诸城市	山东创新华—环境工程有限公司	1～50
31	诸城市	诸城春腾环保设备有限公司	0.5～50
32	诸城市	山东天清环保工程有限公司	1～100
33	诸城市	诸城市清水环保装备有限公司	1～50
34	诸城市	诸城市博宇环保设备有限公司	1～100
35	诸城市	诸城市诺宇环保设备有限公司	1～500
36	诸城市	山东聚福源环保设备有限公司	0.5～30
37	诸城市	山东同业机械装备有限公司	1～50
38	诸城市	诸城市德源环保科技有限公司	0.2～40
39	诸城市	山东源宝环保装备有限公司	0.5～30
40	诸城市	诸城市四方环保科技有限公司	0～500
41	诸城市	诸城市全通机械有限公司	0.5～30
42	诸城市	山东旭日东机械有限公司	1～50
43	诸城市	诸城市宏利圣得环境科技有限公司	0.5～200
44	诸城市	诸城市宏宇环保科技有限公司	3～50
45	诸城市	诸城市福源造纸机械有限公司	0.5～30
46	诸城市	山东金发特环保科技有限公司	1～100
47	诸城市	诸城市东泰机械设备有限公司	10～500

序号	厂址	生产厂家	规格（m³/h）
48	诸城市	潍坊信合达机械有限公司	1～50
49	郓城县	荷泽金地德环保科技有限公司	3～200
50	莒南县	山东金满溪环保工程有限公司	0.5～200
江苏省			
51	南京市六合区	江苏如克环保设备有限公司	1～50
52	南京市六合区	南京蓝污水处理设备有限公司	0.5～50
53	南京市六合区	南京蓝宝石环保设备有限公司	1～50
54	南京市六合区	南京兰江水处理设备有限公司	定制
55	南京市六合区	南京铁力流体设备有限公司	3～50
56	无锡市	无锡市碧天源环境工程有限公司	0.5～30
57	无锡市滨湖区	无锡市新大地合成材料有限公司	1～100
58	扬州市	扬州绿都环境工程设备有限公司	1～20
59	宜兴市	江苏告翔环境科技有限公司	0.5～50
60	宜兴市	宜兴市高塍镇晨杰环保设备厂	0.5～100
61	宜兴市	宜兴市鑫明博环保设备有限公司	1～100
62	宜兴市高塍镇	江苏途腾环保设备有限公司	1～50
63	宜兴市高塍镇	江苏依绿高新环保设备有限公司	1～50
64	宜兴市高塍镇	江苏远泓水务装备有限公司	0.5～15
65	宜兴市高塍镇	江苏湘旭环保科技有限公司	1～80
66	宜兴市高塍镇	无锡亿吉环保科技有限公司	2～100
67	宜兴市高塍镇	无锡得势环保科技有限公司	1～50
68	宜兴市高塍镇	宜兴市泰宇环保设备有限公司	0.5～200
69	宜兴市高塍镇	宜兴市远畅环保设备有限公司	0.5～100
70	宜兴市高塍镇	宜兴市佳净环保设备有限公司	0.5～50
71	宜兴市高塍镇	宜兴市力克环保设备有限公司	0.5～30
72	宜兴市高塍镇	宜兴市吉星环保科技有限公司	0.5～100
73	宜兴市高塍镇	宜兴市建化水处理有限公司	1～50
74	宜兴市高塍镇	宜兴通州环保科技有限公司	0.5～30
75	宜兴市高塍镇	宜兴市宏图环保设备有限公司	1～50
76	宜兴市高塍国际环保城	宜兴市能创环保设备有限公司	1～50
77	宜兴市高塍镇国际环保城	宜兴市高塍镇万达五金配件经营部	0.5～200
78	宜兴市高塍镇	宜兴市高塍恒光环保设备厂	1～50
江西省			
79	南昌市青云谱区	江西省恩皓环保有限公司	10～500
浙江省			
80	杭州市西湖区	杭州万泉水处理设备机械有限公司	5～200
81	宁波市北仑区	浙江科森环保科技有限公司	1～200
82	湖州市	湖州蓝洋环境设备有限公司	0.5～10
福建省			
83	福州市鼓楼区	福建省蓝深环保技术股份有限公司	1～250

序号	厂址	生产厂家	规格（m³/h）
中南地区（豫鄂湘粤桂琼）			
河南省			
84	郑州中原区	郑州云铁机械设备有限公司	1～100
85	洛阳市	洛阳水之源环保设备有限公司	5～100
湖南省			
86	长沙市雨花区	湖南清之源环保科技有限公司	1～100
87	长沙市高新开发区	长沙威嘉环保科技有限公司	1～10
广东省			
88	广州市白云区	广州绿澄环境设备有限公司	0.2～50
89	广州市番禺区	广州普蕾特流体设备有限公司	0.27～6.25
90	广州市花都区	广州市前沿环保设备有限公司	1～100
91	佛山市	广东汇众环境科技股份有限公司	2～175
92	佛山市	佛山市顺德区普科环保科技有限公司	1～10
93	佛山市	佛山市造绿动力环保科技有限公司	3～50
94	东莞市	广东春雷环境工程有限公司	1～50
95	东莞市	东莞市海源水处理有限公司	0.5～10
96	东莞市	东莞市绿源环境工程有限公司	1～50
97	深圳市	深圳市如克科技有限公司	1～50
98	深圳市	深圳市滨特尔环保设备有限公司	1～50
99	深圳市宝安区	深圳市富鑫环保科技有限公司	1～20
西南地区（渝蜀黔滇藏）			
四川省			
100	成都市金牛区	成都蜀源兴能环境科技有限公司	0.5～500
101	成都市锦江区	成都澜谷科技有限公司	1～10
102	成都市青羊区	四川绿水环保工程有限公司	10～100
贵州省			
103	贵阳市	贵州迈科迪环保科技有限公司	1～150 或定制

第三部分　建 筑 热 水

第 6 章　2011—2015 中国热水器推荐品牌

6.1　2011—2015 中国电热水器推荐品牌

（1）2011—2015 中国电热水器推荐品牌排行榜见表 6-1。

2011—2015 中国电热水器推荐品牌排行榜　　　　　　表 6-1

年份	排　　　　行									
	1	2	3	4	5	6	7	8	9	10
2011	美的	海尔	A. O. 史密斯	格菱威	奥特朗	阿里斯顿	哈佛	德而乐施	施宝亚创	蓝勋章
2012	海尔	A. O. 史密斯	美的	万和	阿里斯顿	万家乐	西门子	帅康	樱花	康泉
2013	海尔	美的	西门子	阿里斯顿	A. O. 史密斯	万家乐	樱花	帅康	万和	澳柯玛
2014	海尔	A. O. 史密斯	美的	阿里斯顿	万和	万家乐	樱花	西门子	帅康	奥特朗
2015	海尔	美的	神田	A. O. 史密斯	汉诺威	万和	樱花	西门子	帅康	法罗力

资料来源：

2011 年→中国建材网（建材行业门户网站）；

2012 年→智研数据研究中心、中国产业研究报告网（提供各行业研究报告，投资前景咨询报告，行业分析，市场分析，行业调研报告，市场评估，行业资讯，投资情报的综合门户网站）；

2013 年→中国产业洞察网（隶属于北京立本投资咨询有限公司，是国内领先的咨询、投资机构。为客户提供行业研究服务、投资咨询服务、竞争情报服务、政府课题服务，以及各种多样化的需求解决服务……与国内各大数据源（包括政府机构、行业协会、图书馆、信息中心等权威机构）建立起合作关系，依托国家权威部门、名牌院校、科研机构、知名企业的综合资源优势全力打造一流的、专业信息服务平台。宗旨：尊重数据，尊重事实，尊重投资。准确、客观、中立地提供研究成果）；

2014 年→中国产业信息网（由工业和信息化部主管，人民邮电报社主办，是我国通信行业唯一拥有国务院新闻办授予新闻发布权的新闻网站。中国信息产业网定位为"中国通信与信息化第一门户"……）；

2015 年→中国口碑网（住房和城乡建设部授予的国家住宅产业化基地、中国航天事业合作伙伴，是汇集中国著名企业品牌口碑的官方网站）。

（2）2011—2015 中国电热水器品牌注解

1）美的（5）[①]：始于 1968 年，中国驰名商标，十大电热水器品牌，中国著名家电品牌，上市公司，最具全球竞争力品牌之一，中国企业 500 强，广东美的电器集团有限公司。

注：括号内数据为五年内入围次数。

2）海尔（5）：中国名牌，中国驰名商标，十大电热水器品牌，亚洲企业 200 强，世界白色家电第一品牌，中国最具价值品牌之一，海尔集团公司。

3）A. O. 史密斯（5）：始创于1874年美国，十大电热水器品牌，专业热水器品牌，世界知名品牌，行业领导性品牌，最有价值品牌之一，艾欧史密斯"中国"热水器有限公司。

4）阿里斯顿（4）：始创于1930年意大利，专业生产供暖和热水产品的全球领先企业，跨国公司，十大电热水器品牌，全球品牌，阿里斯顿热能产品"中国"有限公司。

5）西门子（4）：始创于1847年德国，世界上最大的机电类/电气工程与电子公司之一，世界500强企业，十大电热水器品牌，西门子"中国"有限公司。

6）帅康（4）：亚洲500强，中国驰名商标，中国名牌，电热水器十大品牌，浙江名牌，国内系列最全、规模最大的厨卫家电制造基地之一，帅康集团有限公司。

7）樱花（4）：始创于1978年中国台湾，高新技术企业，江苏省著名商标，苏州市著名商标，电热水器十大品牌，全球知名品牌，樱花卫厨"中国"股份有限公司。

8）万和（4）：中国驰名商标，中国名牌，电热水器十大品牌，国家重点高新技术企业，广东省著名商标，广东名牌，广东万和新电气股份有限公司。

9）万家乐（3）：始创于1988年，中国驰名商标，中国名牌产品，国家高新技术企业，电热水器十大品牌，广东省名牌产品，广东万家乐燃器具有限公司。

10）奥特朗（2）：中国名牌，十大电热水器品牌，全球知名品牌。

11）格菱威（1）：十大电热水器品牌，全球知名品牌，德国科技，绿色能源。

12）哈佛（1）：中国名牌，中国驰名商标，十大电热水器品牌。

13）德而乐施（1）：十大电热水器品牌，专业热水器品牌。

14）施宝亚创（1）：十大电热水器品牌，德国电热水器品牌，知名品牌。

15）蓝勋章（1）：英国品牌，十大电热水器品牌。

16）康泉（1）：中国最大的电热水器制造商之一，中国名牌，浙江省著名商标，十大电热水器品牌，浙江康泉电器有限公司。

17）澳柯玛（1）：澳柯玛集团是全球制冷家电、环保电动车和生活家电领先制造商之一。1996年第一台电热水器研制成功并投产上市；2006年荣膺"中国名牌"产品；2009年出水断电电热水器上市；2010年速热式电热水器研制成功，2min就可以出热水……2013年被评为十大电热水器品牌。青岛澳柯玛股份有限公司。

18）神田（1）：成立于2002年，总部设于广东中山。神田人携手并进倾力打……国际电热水器第一品牌，中山神田大气电器科技有限公司。

19）汉诺威（1）：汉诺威是一家研发制造电热水器为主的国家高新技术企业，凭借其领先的核心技术……一直致力于领跑行业前沿荣获国家级高新技术证书，是即热式电热水器国家强制性标准的起草者之一……2014年获《现代家电》营销创新奖，2015年被评为十大电热水器品牌，中山汉诺威电器有限公司。

20）法罗力（1）：起源于欧洲意大利1955年的法罗力集团，是世界热能行业领导性品牌，是一家集电热水器、燃气热水器等水暖设备产品于一体的生产研发基地，2015年被评为十大电热水器品牌，法罗力热能设备（中国）有限公司。

6.2 2011—2015中国即热式电热水器推荐品牌

（1）2011—2015中国即热式电热水器推荐品牌排行榜见表6-2。

年份	排行									
	1	2	3	4	5	6	7	8	9	10
2011	奥特朗	德恩特	皮阿诺	瑞琦仕	美欧达	哈博	优博	普菱	约普	金锐
2012	德恩特	哈博	皮阿诺	太尔	爱尔氏	约普	奥特朗瑞琦仕	美欧达	优博	佳源
2013	德恩特	科苓	奥特朗	路易世家	捷恩特	斯贝斯	惠尔仕	亨利康	诺司特	米德尔
2014	德恩特	美欧达	瑞琦仕奥特朗	太尔	联创	万家热	斯贝斯	科屹乐	神田	旺申
2015	德恩特	瑞琦仕	美欧达	太尔	奥特朗	斯宝亚创	科屹乐	优姆	皮阿诺	哈博

资料来源：

1. 中国即热式电热水器十大品牌评选活动：2011～2012、2014～2015 年来源于中国即热网；2013 年来源于招商网。

2011 年→"奥特朗"杯 2011 年度中国即热式电热水器十大品牌榜单；

2012 年→"哈博"杯 2012 年度中国即热式电热水器十大品牌榜单；

2013 年→"捷恩特"杯 2013 年度中国即热式电热水器十大品牌榜单；

2014 年→"美欧达"杯 2014 年度中国即热式电热水器十大品牌榜单；

2015 年→"德恩特"杯 2015 年度（第五届）中国即热式电热水器十大品牌榜单。

2. 附 2011 年行业协会排名：1 瑞琦仕；2 奥特朗；3 德恩特；4 汉诺威；5 欧莱克；6 约普；7 美欧达；8 瑞恩特；9 比克；10 哈博。

3. 十大品牌注解中行业协会部分从略。

（2）2011—2015 中国即热式电热水器品牌注解。

1）德恩特（5）[①]：即热式热水器十大品牌，快热式水家电领域的先行者，产品获得多项专利和权威机构认证，上海德凌电器有限公司。

注：①括号内数据为五年内入围次数。

2）瑞琦仕（5）：拥有专利 26 项，长兴即热协会会长单位，中国著名品牌、中国快热式十大品牌，长兴瑞能电器（浙江瑞琦仕控股集团）有限公司。

3）美欧达（5）：中国即热式电热水器十大品牌，CCTV 上榜品牌，连续多年被评为诚信企业，长兴美欧电器有限公司。

4）奥特朗（4）：中国驰名商标，即热式热水器十大品牌，广东省著名商标，快热式热水器国标标准起草单位，奥特朗电器（广州）有限公司。

5）太尔（4）：快速电热水器行业最具影响力品牌之一，即热式热水器十大品牌，深圳太尔卫厨电器有限公司。

6）哈博（3）：中国十大即热式电热水器，国内著名的即热式电热水器，快速电热水器的生产厂家，广州市哈博电器有限公司。

7）皮阿诺（3）：全国质量信誉 AAA 企业，全国产品质量公证十佳品牌，中国十大即热式电热水器，中山市领锋电器有限公司。

8）约普（3）：中国快速电热水器行业开创者，中国净水行业先锋。约普，源于美国，立足上海，上海约普电器制造有限公司。

9）优博（3）：全国消费者满意品牌，中国著名（商标）品牌，中国驰名品牌，绿色产品首选产品，上海跨博电器有限公司。

10）科屹乐（2）：产品覆盖国内各大中城市，并远销欧盟与东南亚等国家和地区，电热水龙头标杆企业，杭州桐庐科艺科技有限公司。

11）神田（2）：全国消费者满意品牌，核心"双芯双核变频恒温"为主的智能化产品，中山市南头镇神田电器制造厂。

12）旺申（2）：旺申热水器作为快热式水家电领域的先行者，成立于 1998 年，海盐声宝电子有限公司。

13）爱尔氏（1）：快热式净化电热水器的创始者，即热式电热水器十大品牌，宁波日野电器有限公司。

14）联创（1）：深圳联创作为国内颇具实力规模的专业化家电生产集团，是一家专业生产家电产品集研发、生产、销售、服务为一体的实业公司，深圳市联创科技集团有限公司。

15）万家乐（1）：以"创新、诚信、服务"为主题，名校合作单位，浙江万佳热电器科技有限公司。

16）斯宝亚创（1）：始于 1924 年德国，德国即热式电热水器的先驱和著名企业，全球电热行业引领者，斯宝亚创（广州）电器有限公司。

17）三星（1）：强大的技术及生产保障，完美的售后服务体系，著名品牌，韩国三星（中国）有限公司。

18）斯贝斯（1）：强大的技术及生产保障，完美的售后服务体系，著名品牌，长兴斯贝斯电器有限公司。

19）普菱（1）：业内从事电热水器的研发、生产、销售和服务为一体的高科技企业，深圳市普菱电器有限公司。

20）帝拓（1）：嘉兴免检单位、中国厨卫工程委员会常务理事单位、中国厨卫行业十大品牌，浙江昆仑电器有限公司。

21）优姆（1）

22）金锐（1）：即热式电热水器行业新秀品牌，严苛的质量管理体系，热水宝电子商务先行者，嘉兴市金锐电器制造有限公司。

23）佳源（1）：国家高新技术成果转化及其产业化指导性项目，隔电墙技术缔造者，拥有多项专利技术，深圳市明佳实业发展有限公司。

6.3 2011—2015 中国燃气热水器推荐品牌

（1）2011—2015 中国燃气热水器推荐品牌排行榜见表 6-3。

2011—2015 中国燃气热水器推荐品牌排行榜 表 6-3

年份	排行									
	1	2	3	4	5	6	7	8	9	10
2011	林内	万家乐	万和	A. O. 史密斯	火王	樱花	美的	华帝	前锋	海尔
2012	万和	万家乐	林内	能率	海尔	华帝	樱花	A. O. 史密斯	阿里斯顿	前锋
2013	万和	万家乐	林内	能率	海尔	樱花	A. O. 史密斯	美的	阿里斯顿	华帝
2014	万和	万家乐	海尔	A. O. 史密斯	美的	林内	能率	樱花	华帝	阿里斯顿
2015	万和	万家乐	能率	林内	A. O. 史密斯	樱花	阿里斯顿	樱雪	先飞	创尔特

资料来源：

2011 年→中国家用电器协会；

2012 年→博思数据研究中心（博思网是中国产业调研领域权威门户网站）；

2013 年→中国产业调研网（创建于 2008 年，隶属于北京中智林信息技术有限公司（简称中智林），致力于为企业战略决策提供专业解决方案。经过多年的拓展，已成为中国国内领先的多元化信息服务提供商之一，建立起了政府部门、行业协会、调研公司、商业数据库四位一体的数据支……）；

2014 年→中国产业信息网（同上）；

2015 年→"中国厨卫行业平台"蒂壤数据（隶属于蒂壤科技网络有限公司）。

（2）2011—2015 中国燃气热水器品牌注解

1）林内（5）[①]：1920 年日本，中日合资企业，上海著名品牌，上海市高新技术企业，燃气热水器十大品牌，燃气器具行业的领先品牌之一，燃气器具行业的先锋，上海林内有限公司。

2）万家乐（5）：始创于 1988 年，中国驰名商标，中国名牌产品，国家高新技术企业，燃气热水器十大品牌，广东省名牌产品，广东万家乐集团燃器具有限公司。

3）万和（5）：中国驰名商标，中国名牌，国家重点高新技术企业，燃气热水器十大品牌，广东名牌，广东万和新电气股份燃器具集团有限公司。

4）A.O. 史密斯（5）：始于 1874 年美国，世界知名品牌，行业领导性品牌，最有价值品牌之一，专业热水器品牌，艾欧史密斯"中国"热水器有限公司。

5）樱花（5）：始创于 1978 年中国台湾，高新技术企业，中国名牌，燃气热水器十大品牌，全球知名品牌，江苏省著名商标，苏州市著名商标，樱花卫厨"中国"股份有限公司。

6）华帝（4）：中国驰名商标，中国名牌，燃气热水器十大品牌，厨卫行业影响力品牌，广东省著名商标，中山市华帝燃器具股份集成厨房有限公司。

7）海尔（4）：中国驰名商标，中国名牌，亚洲企业 200 强，亚洲品牌 500 强，燃气热水器十大品牌，世界白色家电第一品牌，中国最具价值品牌之一，海尔集团公司。

8）能率（4）：始创于 1951 年日本，世界著名品牌，燃气热水器十大品牌，行业高端产品的领先品牌之一，日本名牌产品，燃气厨卫器具知名品牌，能率（中国）投资有限公司。

9）阿里斯顿（4）：始创于 1930 年意大利，专业生产供暖和热水产品的全球领先企业，跨国公司，燃气热水器十大品牌，欧洲品牌，全球品牌，阿里斯顿热能产品（中国）有限公司。

10）美的（3）：中国名牌，燃气热水器十大品牌，中国企业 500 强，美的集团有限公司。

11）前锋（2）：始创于 1958 年，中国 100 家最大日用品制造企业之一，中国驰名商标，中国名牌，燃气热水器十大品牌，中国畅销品牌，前锋电子电器集团股份有限公司。

12）火王（1）：中国驰名商标，燃气热水器十大品牌，知名的燃气器具企业，深圳市火王燃器具有限公司。

13）樱雪（1）：成立于 1998 年，2002 年燃气热水器被评为全国质量稳定合格产品、中国名牌产品，2003 年荣获厨卫设计创新大奖，2009 年被国家认定为中国驰名商标，中山市樱雪集团有限公司。

14）先飞（1）：成立于 2003 年，先飞公司是一家以研发、制造与销售为主的现代化企业，产品线涵盖燃气热水器、电热水器……厨卫产品，是厨卫行业为数不多、均衡发展的全面选手，佛山市顺德区先飞电器燃具有限公司。

15）创尔特（1）：创尔特燃气热水器已通过 ISO9001、CE、AGA 等多项国际质量认证，2000 年获得行业质量效益五强企业，2005 年被评为中国名牌，2006 年成为中国燃器具四大产品的行业标准、国家标准起草人之一。

注：①括号内数据为五年内入围次数。

第7章 2015第四届中国品牌年会关于
热水器、厨卫电器推荐品牌

支持机构：国家保护知识产权工作组，中国消费生活杂志社全程关注。

目的：探讨、交流中国知识产权保护及中国品牌的国际化发展战略。为中国企业提供交流学习的机会、展示企业品牌的平台和国际化知识产权维护的认知！打造中国知名品牌。

2015第四届中国品牌年会：由中国国际文化传播中心指导，中央电视台证券资讯频道、中国品牌传播联盟、人民日报社《人民周刊》等联合主办。资料来源于中国品牌联盟网[①]。

（1）2015第四届中国品牌年会"中国热水器十大品牌"

01 A.O.史密斯：A.O.史密斯是世界知名的热水器生产供应商，公司总部在美国。

02 恒热：恒热（EVERHOT）热水器有限公司，是全球著名厂商Paloma旗下Rheem（瑞美）集团在中国的全资子公司。

03 斯特：斯特是中山市韦斯华电器发展有限公司旗下专门从事生产热水器设备的一个品牌，在电热水器隔热……

04 奥特朗：广州奥特朗电器有限公司，专门从事即热式热水器、多模热水器、燃气热水器、即热恒温空气能热……

05 阿里斯顿ARISTON：阿里斯顿ARISTON全名阿里斯顿热能产品有限公司，总部在意大利，是全球领先的供热企业之一。

06 法罗力：法罗力全称法罗力热能设备有限公司，是意大利法罗力品牌在国内创建的分公司，旗下主要生产以及……

07 飞羽：飞羽全称北京飞羽电器有限公司，是专门从事小型快热式暖水设备的研发以及生产的企业。

08 佳源：佳源是深圳市明佳事业发展有限公司旗下的一个品牌，专门从事热水器以及净水器的研发与销售，迄……

09 康泉：浙江康泉热水器有限公司成立于1987年，是国内建成最早、规模最大的热水器企业之一。

10 神田科技：中山神田科技有限公司主要生产电热水器和厨卫电器产品，旗下的即热热水器是神田的主打产品。

注：①中国品牌联盟网汇集中国品牌、中国十大品牌、全球十大品牌信息，为用户提供十大品牌查询、十大品牌排名、中国著名品牌最新信息，是最专业的品牌联盟传播网站。

（2）2015第四届中国品牌年会"中国厨卫电器十大品牌"

1）［美的Midea］（美的集团有限公司）：美的集团有限公司，家电十大品牌，十大小家电品牌，洗衣机、冰箱、空调十大品牌，中国企业500强，全球最有价值500品牌，大型综合性现代化企业集团，中……

2）［方太Fotile］（宁波方太厨具有限公司）：宁波方太厨具有限公司，FOTILE方太，厨房电器十大品牌，抽油烟机十大品牌，厨具十大品牌，中国驰名商标，中国厨房领域著名品牌，中国 500 最具价值品……

3)〔老板 ROBAM〕（杭州老板电器股份有限公司）：杭州老板电器股份有限公司，厨卫电器十大品牌，消毒柜、抽油烟机十大品牌，厨具十大品牌，亚洲品牌 500 强，中国厨电行业极具影响力品牌，中国 500 最具……

4)〔现代厨房〕（中山现代厨房设备有限公司）：现代厨卫是中国十大厨卫电器品牌，世界最具价值品牌 500 强，主要生产高端欧式抽油烟机、燃气灶具、燃气热水器、消毒碗柜等，营销网络覆盖全国主……

5)〔西门子〕（博西家用电器（中国）有限公司）：博西家用电器（中国）有限公司，西门子 SIEMENS，十大厨卫电器品牌，冰箱十大品牌，洗衣机十大品牌，十大家电品牌，德国著名品牌，创于 1847 年，中国西门……

6)〔华帝 Vatti〕（华帝燃具股份有限公司）：中山华帝燃具股份有限公司，厨卫电器十大品牌，抽油烟机十大品牌，十大燃气热水器品牌，著名厨卫电器十大品牌，中国驰名商标，中国灶具行业领先品……

7)〔帅康 Sacon〕（帅康集团有限公司）：帅康集团有限公司，中国十大厨卫电器品牌，中国驰名商标，亚州 500 强，抽油烟机十大品牌，燃气灶十大品牌，电热水器十大品牌，厨卫家电……

8)〔海尔 Haier〕（海尔集团公司）：海尔集团公司，十大厨卫电器品牌，十大家电品牌，洗衣机十大品牌，十大冰箱、空调品牌，十大即热式快速热水器品牌，中国驰名商标，中国名牌，全球白色……

9)〔樱雪 IMSE〕（中山市樱雪集团有限公司）：中山市樱雪集团有限公司，厨卫十大品牌，中国知名（著名）抽油烟机品牌，知名浴霸品牌，中国驰名商标，广东省名牌产品，广东省著名商标，全国知名燃气……

10)〔苏泊尔〕（浙江苏泊尔股份有限公司）：浙江苏泊尔股份有限公司，中国十大厨卫电器品牌，十大锅具品牌企业，中国最大的炊具研发、制造商，苏泊尔 SUPOR，电饭煲十大品牌，电压力锅十大品牌……

第8章 2016中国热水器品牌网关于热水器
推荐品牌排名

2016中国热水器十大品牌排名，其目的是为用户提供：热水器十大品牌、电热水器十大品牌、即热式热水器十大品牌、燃气热水器十大品牌、速热式热水器十大品牌及空气能热水器十大品牌等相关介绍，并且立足于高端热水器品牌服务，为用户提供热水器品牌、电热水器品牌的最新产品介绍。战略展播平台为CCTV，资料来源于中国热水器品牌网①。

本书仅就常用的热水器十大品牌、电热水器十大品牌、即热式热水器十大品牌、燃气热水器十大品牌予以择录。

（1）2016年中国热水器十大品牌

1）［美的］美的集团创业于1968年，是一家以家电制造业为主的大型综合性企业集团，旗下拥有美的电器等三家上市公司。

2）［海尔］海尔集团创业于1984年，在全球白色家电领域正在成长为行业引领者和规则制定者，中国最具价值的全球化品牌。

3）［神田］神田（中国）科技有限公司成立于2002年，总部设于广东中山。神田人携手并进倾力打……国际电热水器第一品牌。

4）［万家乐］万家乐诞生于1988年，坐落在广东省佛山市顺德区。迄今为止，共主导编制《家用燃气快速热水器》、《家用燃气灶具》及《冷凝式家用燃气快速热水器》等国家标准及行业标准43项，也是……三大国家级认定的企业。

5）［比克］公司成立于1998年，是国内系列最全、规模最大的厨卫家电制造基地之一，拥有超前的国际化视野和雄厚的资金实力。

6）［万和］万和集团成立于1993年8月，总部位于广东顺德国家级高新技术产业开发区。

7）［华帝］前身中山华帝燃具有限公司成立于1992年，华帝产品已形成灶具、热水器等系列产品，燃气热水器进入全国三强。

8）［康宝］康宝坐落于广东省顺德区，是著名的五金制品出口基地，也是智能家居行业的领航者。

9）［帅康］前身余姚市调谐器配件厂创办于1984年，是国内系列最全、规模最大的厨卫家电制造基地之一，连续五年蝉联"中国500最具价值品牌"厨卫行业第一品牌桂冠。

10）［A.O.史密斯］A.O.史密斯成立于1874年，至今已有130余年历史。1936年申请了热水器金圭内胆专利，并成为工业标准，自此A.O.史密斯正式进入热水器生产领域。

注：①中国热水器品牌网是最著名的热水器品牌网站，为用户提供热水器十大品牌、电热水器十大品牌、即热式热水器十大品牌、燃气热水器十大品牌相关介绍，并且立足于高端热水器品牌，为用户提供热水器品牌、电热水器品牌的最新产品介绍，让用户及时了解十大品牌的最新信息。

（2）2016年中国电热水器十大品牌

1）［美的］美的集团创业于1968年，是一家以家电制造业为主的大型综合性企业集团，旗下拥有美的电器等三家上市公司。

2）［海尔］海尔集团创业于1984年，在全球白色家电领域正在成长为行业引领者和规则制定者，中国最具价值的全球化品牌。

3）［神田］神田（中国）科技有限公司成立于2002年，总部设于广东中山。神田人携手并进倾力打……国际电热水器第一品牌。

4）［万家乐］万家乐诞生于1988年，坐落在广东省佛山市顺德区。迄今为止，共主导编制《家用燃气快速热水器》、《家用燃气灶具》及《冷凝式家用燃气快速热水器》等国家标准及行业标准43项，也是……三大国家级认定的企业。

5）［比克］公司成立于1998年，是国内系列最全、规模最大的厨卫家电制造基地之一，拥有超前的国际化视野和雄厚的资金实力。

6）［万和］万和集团成立于1993年8月，总部位于广东顺德国家级高新技术产业开发区。

7）［西门子］西门子股份公司是全球电子电气工程领域的领先企业，创立于1847年。一直以来，西门子在中国的工业、能源、医疗、基础设施与城市领域引领技术创新。

8）［樱花］樱花1978年诞生于中国台湾，樱花卫厨（中国）股份有限公司成立于1994年。

9）［华帝］前身中山华帝燃具有限公司成立于1992年，华帝产品已形成灶具、热水器等系列产品，燃器热水器进入全国三强。

10）［康宝］康宝坐落于广东省顺德区，是著名的五金制品出口基地，也是智能家居行业的领航者。

（3）2016年中国即热式热水器十大品牌

1）［美的］美的集团创业于1968年，是一家以家电制造业为主的大型综合性企业集团，旗下拥有美的电器等三家上市公司。

2）［华帝］前身中山华帝燃具有限公司成立于1992年，华帝产品已形成灶具、热水器等系列产品，燃气热水器进入全国三强。

3）［万家乐］万家乐诞生于1988年，坐落在广东省佛山市顺德区。迄今为止，共主导编制《家用燃气快速热水器》、《家用燃气灶具》及《冷凝式家用燃气快速热水器》等国家标准及行业标准43项，也是……三大国家级认定的企业。

4）［海尔］海尔集团创业于1984年，在全球白色家电领域正在成长为行业引领者和规则制定者，中国最具价值的全球化品牌。

5）［神田］神田（中国）科技有限公司成立于2002年，总部设于广东中山。神田人携手并进倾力打……国际电热水器第一品牌。

6）［樱花］樱花1978年诞生于中国台湾，樱花卫厨（中国）股份有限公司成立于1994年。

7）［比克］公司成立于1998年，是国内系列最全、规模最大的厨卫家电制造基地之一，拥有超前的国际化视野和雄厚的资金实力。

8）［康宝］康宝坐落于广东省顺德区，是著名的五金制品出口基地，也是智能家居行业的领航者。

9）［A. O. 史密斯］A. O. 史密斯成立于1874年，至今已有130余年历史。1936年申请了热水器金圭内胆专利，并成为工业标准，自此 A. O. 史密斯正式进入热水器生产领域。

10）［西门子］西门子股份公司是全球电子电气工程领域的领先企业，创立于 1847 年。一直以来，西门子在中国的工业、能源、医疗、基础设施与城市领域引领技术创新。

（4）2016 年中国燃气热水器十大品牌

1）［美的］美的集团创业于 1968 年，是一家以家电制造业为主的大型综合性企业集团，旗下拥有美的电器等三家上市公司。

2）［海尔］海尔集团创业于 1984 年，在全球白色家电领域正在成长为行业引领者和规则制定者，中国最具价值的全球化品牌。

3）［西门子］西门子股份公司是全球电子电气工程领域的领先企业，创立于 1847 年。一直以来，西门子在中国的工业、能源、医疗、基础设施与城市领域引领技术创新。

4）［万和］万和集团成立于 1993 年 8 月，总部位于广东顺德国家级高新技术产业开发区。

5）［万家乐］万家乐诞生于 1988 年，坐落在广东省佛山市顺德区。迄今为止，共主导编制《家用燃气快速热水器》、《家用燃气灶具》及《冷凝式家用燃气快速热水器》等国家标准及行业标准 43 项，也是……三大国家级认定的企业。

6）［华帝］前身中山华帝燃具有限公司成立于 1992 年，华帝产品已形成灶具、热水器等系列产品，燃气热水器进入全国三强。

7）［康宝］康宝坐落于广东省顺德区，是著名的五金制品出口基地，也是智能家居行业的领航者。

8）［樱花］樱花 1978 年诞生于中国台湾，樱花卫厨（中国）股份有限公司成立于 1994 年。

9）［超人］1992 年超人电器创立于广西北海，经过 20 年突飞猛进的创新发展，现已成为国内厨卫行业知名品牌。

10）［比克］公司成立于 1998 年，是国内系列最全、规模最大的厨卫家电制造基地之一，拥有超前的国际化视野和雄厚的资金实力。

第四部分 建筑消防

第 9 章 增压稳压设备

9.1 关于消防增压稳压设备

1. 98S205 消防增压稳压设备

(1) 技术特性及生产厂家见表 9-1 和表 9-2。

表 9-1

立式消防增压稳压设备技术特性及生产厂家

序号	增压稳压设备型号		消防压力 P_1 (MPa)	立式隔膜式气压罐		消防储水容积 (L)		配用水泵		设备质量 (kg)		运行压力 (MPa)	稳压水容积 (L)	生产厂家
				型号规格	工作压力比 a_b	标定容积	实际容积	型号	功率 (kW)	甲型	乙型			
1	2	3	4	5	6	7	8	9	10	11	12	13	14	15
1	ZW(L)-I-X-7		0.10	SQL800×0.6	0.60	300	319	25LGW3-10×4	1.5	1452	1487	$P_1=0.10\ P_{s1}=0.26$ $P_2=0.23\ P_{s2}=0.31$	54	①②③④⑤⑥⑦⑧⑨⑩⑪⑫⑬⑭⑮⑯⑰⑱⑲⑳㉑㉒㉓㉔㉕㉖㉗㉘㉙㉚㉛㉜㉝㉞㉟
2	ZW(L)-I-Z-10		0.16	SQL800×0.6	0.80	150	159	25LGW3-10×4	1.5	1428	1463	$P_1=0.16\ P_{s1}=0.26$ $P_2=0.23\ P_{s2}=0.31$	70	

序号	增压稳压设备型号		消防压力 P_1(MPa)	立式隔膜式气压罐 型号规格	工作压力比 a_b	消防储水容积(L) 标定容积	消防储水容积(L) 实际容积	配用水泵 型号	配用水泵 功率(kW)	设备质量(kg) 甲型	设备质量(kg) 乙型	运行压力(MPa)	稳压水容积(L)	生产厂家
1	2	3	4	5	6	7	8	9	10	11	12	13	14	15
3	ZW(L)-I-X-10		0.16	SQL800×0.6	0.60	300	319	25LGW3-10×5	1.5	1474	1509	$P_1=0.16$ $P_{s1}=0.36$ $P_2=0.33$ $P_{s2}=0.42$	52	①②③④⑤⑥⑦⑧⑨⑩⑪⑫⑬⑭⑮⑯⑰⑱⑲⑳㉑㉒㉓㉔㉕㉖㉗㉘㉙㉚㉛㉜㉝㉞㉟
4	ZW(L)-I-X-13		0.22	SQL1000×0.6	0.76	300	329	25LGW3-10×4	1.5	2312	2362	$P_1=0.22$ $P_{s1}=0.35$ $P_2=0.32$ $P_{s2}=0.40$	97	
5	ZW(L)-I-XZ-10		0.16	SQL1000×0.6	0.65	450	480	25LGW3-10×4	1.5	2312	2362	$P_1=0.16$ $P_{s1}=0.33$ $P_2=0.30$ $P_{s2}=0.38$	86	
6	ZW(L)-I-XZ-13		0.22	SQL1000×0.6	0.67	450	452	25LGW3-10×5	1.5	2312	2362	$P_1=0.22$ $P_{s1}=0.41$ $P_2=0.38$ $P_{s2}=0.46$	80	
7	ZW(L)-II-Z-	A	0.22~0.38	SQL800×0.6	0.80	150	159	25LGW3-10×6	2.2	1452	1487	$P_1=0.38$ $P_{s1}=0.53$ $P_2=0.50$ $P_{s2}=0.60$	61	①②③④⑤⑥⑦⑧⑨⑩⑪⑫⑬⑭⑮⑯⑰⑱⑲⑳㉑㉒㉓㉔㉕㉖㉗㉘㉙㉚㉛㉜㉝㉞㉟
8		B	0.38~0.50	SQL800×1.0	0.80	150	159	25LGW3-10×8	2.2	1513	1548	$P_1=0.50$ $P_{s1}=0.68$ $P_2=0.65$ $P_{s2}=0.75$	51	
9		C	0.50~0.65	SQL1000×1.5	0.85	150	206	25LGW3-10×9	2.2	1653	1670	$P_1=0.65$ $P_{s1}=0.81$ $P_2=0.78$ $P_{s2}=0.86$	59	
10		D	0.65~0.85	SQL1000×1.5	0.85	150	206	25LGW3-10×11	3.0	1701	1736	$P_1=0.85$ $P_{s1}=1.04$ $P_2=1.02$ $P_{s2}=1.10$	57	
11		E	0.85~1.00	SQL1000×1.5	0.85	150	206	25LGW3-10×13	4.0	1709	1744	$P_1=1.00$ $P_{s1}=1.21$ $P_2=1.19$ $P_{s2}=1.27$	50	

序号	增压稳压设备型号		消防压力 P₁ (MPa)	立式隔膜式气压罐				配用水泵		设备质量 (kg)		运行压力 (MPa)	稳压水容积 (L)	生产厂家
				型号规格	工作压力比 α_b	消防储水 (L)		型号	功率 (kW)	甲型	乙型			
						标定容积	实际容积							
1	2	3	4	5	6	7	8	9	10	11	12	13	14	15
12	ZW(L)-Ⅱ-X-	A	0.22~0.38	SQL1000×0.6	0.78	300	302	25LGW3-10×6	2.2	2344	2394	$P_1=0.38\ P_{s1}=0.55$ $P_2=0.52\ P_{s2}=0.60$	72	①②③④⑤⑥⑦⑧⑨⑩⑪⑫⑬⑭⑮⑯⑰⑱⑲⑳㉑㉒㉓㉔㉕㉖㉗㉘㉙㉚㉛㉜㉝㉞㉟
13		B	0.38~0.50	SQL1000×1.0	0.78	300	302	25LGW3-10×8	2.2	2494	2544	$P_1=0.50\ P_{s1}=0.70$ $P_2=0.67\ P_{s2}=0.75$	61	
14		C	0.50~0.65	SQL1000×1.5	0.78	300	302	25LGW3-10×10	3.0	2689	2739	$P_1=0.65\ P_{s1}=0.88$ $P_2=0.86\ P_{s2}=0.93$	51	
15		D	0.65~0.85	SQL1200×1.5	0.85	300	355	25LGW3-10×13	4.0	2703	2753	$P_1=0.85\ P_{s1}=1.05$ $P_2=1.02\ P_{s2}=1.10$	82	
16		E	0.85~1.00	SQL1200×1.5	0.85	300	355	25LGW3-10×15	4.0	2730	2780	$P_1=1.00\ P_{s1}=1.21$ $P_2=1.19\ P_{s2}=1.26$	73	
17	ZW(L)-Ⅱ-XZ-	A	0.22~0.38	SQL1200×0.6	0.80	450	474	25LGW3-10×6	2.2	3641	3706	$P_1=0.38\ P_{s1}=0.53$ $P_2=0.50\ P_{s2}=0.58$	133	①②③④⑤⑥⑦⑧⑨⑩⑪⑫⑬⑭⑮⑯⑰⑱⑲⑳㉑㉒㉓㉔㉕㉖㉗㉘㉙㉚㉛㉜㉝㉞㉟
18		B	0.38~0.50	SQL1200×1.0	0.80	450	474	25LGW3-10×8	2.2	3947	4012	$P_1=0.50\ P_{s1}=0.68$ $P_2=0.65\ P_{s2}=0.73$	110	
19		C	0.50~0.65	SQL1200×1.5	0.80	450	474	25LGW3-10×10	3.0	3961	4026	$P_1=0.65\ P_{s1}=0.87$ $P_2=0.84\ P_{s2}=0.92$	90	
20		D	0.65~0.85	SQL1200×1.5	0.80	450	474	25LGW3-10×12	4.0	4124	4169	$P_1=0.85\ P_{s1}=1.12$ $P_2=1.09\ P_{s2}=1.17$	73	
21		E	0.85~1.00	SQL1200×1.5	0.80	450	474	25LGW3-10×14	4.0	4156	4221	$P_1=1.00\ P_{s1}=1.30$ $P_2=1.27\ P_{s2}=1.35$	64	

卧式消防增压稳压设备技术特性及生产厂家

表 9-2

序号	增压稳压设备型号		消防压力 P_1（MPa）	卧式隔膜式气压罐				配用水泵		设备质量（kg）		运行压力（MPa）	稳压水容积（L）	生产厂家
				型号规格	工作压力比 α_b	消防储水容积（L）		型号	功率（kW）	甲型	乙型			
						标定容积	实际容积							
1	2	3	4	5	6	7	8	9	10	11	12	13	14	15
1	ZW(W)-I-X-7		0.10	SQW1000×0.6	0.75	300	390	25LGW3-10×3	1.1	2568	2613	$P_1=0.10\ P_{s1}=0.20$ $P_2=0.17\ P_{s2}=0.25$	148	①②③④⑤⑥⑦⑧⑨⑩⑪⑫⑬⑭⑮⑯⑰⑱⑲⑳㉑㉒㉓㉔㉕㉖㉗㉘㉙㉚㉛㉜㉝㉞㉟
2	ZW(W)-I-Z-10		0.16	SQW1000×0.6	0.80	150	312	25LGW3-10×3	1.1	2525	2570	$P_1=0.16\ P_{s1}=0.25$ $P_2=0.22\ P_{s2}=0.30$	145	
3	ZW(W)-I-X-10		0.16	SQW1000×0.6	0.80	300	312	25LGW3-10×3	1.1	2568	2613	$P_1=0.16\ P_{s1}=0.25$ $P_2=0.22\ P_{s2}=0.30$	145	
4	ZW(W)-I-X-13		0.22	SQW1000×0.6	0.80	300	312	25LGW3-10×4	1.5	2548	2593	$P_1=0.22\ P_{s1}=0.32$ $P_2=0.30\ P_{s2}=0.37$	126	
5	ZW(W)-I-XZ-10		0.16	SQW1000×0.6	0.70	450	467	25LGW3-10×4	1.5	2548	2593	$P_1=0.16\ P_{s1}=0.30$ $P_2=0.27\ P_{s2}=0.35$	113	
6	ZW(W)-I-XZ-13		0.22	SQW1000×0.6	0.71	450	452	25LGW3-10×5	1.5	2548	2593	$P_1=0.22\ P_{s1}=0.38$ $P_2=0.35\ P_{s2}=0.43$	98	
7	ZW(W)-II-Z-	A	0.22~0.38	SQW1000×0.6	0.85	150	234	25LGW3-10×6	2.2	2525	2570	$P_1=0.38\ P_{s1}=0.49$ $P_2=0.46\ P_{s2}=0.54$	99	①②③④⑤⑥⑦⑧⑨⑩⑪⑫⑬⑭⑮⑯⑰⑱⑲⑳㉑㉒㉓㉔㉕㉖㉗㉘㉙㉚㉛㉜㉝㉞㉟
8		B	0.38~0.50	SQW1000×1.0	0.85	150	234	25LGW3-10×7	2.2	2682	2730	$P_1=0.50\ P_{s1}=0.63$ $P_2=0.60\ P_{s2}=0.68$	82	
9		C	0.50~0.65	SQW1000×1.0	0.85	150	234	25LGW3-10×9	2.2	2690	2738	$P_1=0.65\ P_{s1}=0.81$ $P_2=0.78\ P_{s2}=0.86$	67	
10		D	0.65~0.85	SQW1000×1.5	0.85	150	234	25LGW3-10×11	3.0	2865	2913	$P_1=0.85\ P_{s1}=1.05$ $P_2=1.02\ P_{s2}=1.10$	54	
11		E	0.85~1.00	SQW1000×1.5	0.85	150	234	25LGW3-10×13	4.0	2905	2953	$P_1=1.00\ P_{s1}=1.21$ $P_2=1.19\ P_{s2}=1.27$	57	

序号	增压稳压设备型号		消防压力 P_1(MPa)	卧式隔膜式气压罐 型号规格	工作压力比 a_b	消防储水容积(L) 标定容积	实际容积	配用水泵 型号	功率(kW)	设备质量(kg) 甲型	乙型	运行压力(MPa)	稳压水容积(L)	生产厂家
1	2	3	4	5	6	7	8	9	10	11	12	13	14	15
12		A	0.22~0.38	SQW1000×0.6	0.80	300	312	25LGW3-10×6	2.2	2581	2626	$P_1=0.38$ $P_{s1}=0.53$ $P_2=0.50$ $P_{s2}=0.58$	87	①②③④⑤⑥⑦⑧⑨⑩⑪⑫⑬⑭⑮⑯⑰⑱⑲⑳㉑㉒㉓㉔㉕㉖㉗㉘㉙㉚㉛㉜㉝㉞㉟
13		B	0.38~0.50	SQW1000×1.0	0.80	300	312	25LGW3-10×8	2.2	2620	2665	$P_1=0.50$ $P_{s1}=0.68$ $P_2=0.65$ $P_{s2}=0.73$	72	
14	ZW(W)-II-X-	C	0.50~0.65	SQW1000×1.0	0.80	300	312	25LGW3-10×10	3.0	2640	2679	$P_1=0.65$ $P_{s1}=0.87$ $P_2=0.84$ $P_{s2}=0.92$	59	
15		D	0.65~0.85	SQW1200×1.5	0.80	300	312	25LGW3-10×12	4.0	2850	2889	$P_1=0.85$ $P_{s1}=1.12$ $P_2=1.09$ $P_{s2}=1.18$	57	
16		E	0.85~1.00	SQW1200×1.5	0.80	300	312	25LGW3-10×14	4.0	2929	2968	$P_1=1.00$ $P_{s1}=1.30$ $P_2=1.27$ $P_{s2}=1.36$	50	
17		A	0.22~0.38	SQW1200×0.6	0.80	450	506	25LGW3-10×6	2.2	3939	3992	$P_1=0.38$ $P_{s1}=0.53$ $P_2=0.50$ $P_{s2}=0.58$	142	①②③④⑤⑥⑦⑧⑨⑩⑪⑫⑬⑭⑮⑯⑰⑱⑲⑳㉑㉒㉓㉔㉕㉖㉗㉘㉙㉚㉛㉜㉝㉞㉟
18		B	0.38~0.50	SQW1200×1.0	0.80	450	506	25LGW3-10×8	2.2	4198	4251	$P_1=0.50$ $P_{s1}=0.68$ $P_2=0.65$ $P_{s2}=0.73$	117	
19	ZW(W)-II-XZ-	C	0.50~0.65	SQW1200×1.0	0.80	450	506	25LGW3-10×10	3.0	4212	4265	$P_1=0.65$ $P_{s1}=0.87$ $P_2=0.84$ $P_{s2}=0.92$	96	
20		D	0.65~0.85	SQW1200×1.5	0.80	450	506	25LGW3-10×12	4.0	4444	4497	$P_1=0.85$ $P_{s1}=1.12$ $P_2=1.09$ $P_{s2}=1.17$	78	
21		E	0.85~1.00	SQW1200×1.5	0.80	450	506	25LGW3-10×14	4.0	4519	4572	$P_1=1.00$ $P_{s1}=1.30$ $P_2=1.27$ $P_{s2}=1.35$	69	

对表 9-1 和表 9-2 的说明：

1）表列"设备"适用于多层和高层建筑工程有增压设施要求的消火栓给水系统及湿式自动喷水灭火系统等各类消防给水系统。

2）表中

运行压力符号 P_1——气压水罐的充气压力（消防需要的压力），MPa；P_2——消防泵启动压力，MPa；P_{S1}——增压稳压水泵启动压力，MPa；P_{S2}——增压稳压水泵停泵压力，MPa。

表中序号 1～6 为Ⅰ型"设备"，一般设在高位水箱间（最不利点消火栓低于"设备"）。

表中序号 7～21 为Ⅱ型"设备"，一般设在消防泵房、储水池间，其消防压力范围、配用水泵等仅供选用参考。

表中水泵型号为山东双轮集团水泵型号，根据流量、扬程可改选其他厂家水泵。

3）表中列入

参照国家建筑标准设计图集《消防增压稳压设备选用与安装》（98S205）设计、制造的消防增压稳压设备生产厂家；同时生产立式和卧式所有品牌的生产厂家。

罐型 SQL（W）、泵型 25LGW3 与表列一致的生产厂家：

①（浙江省温州市永嘉县）永嘉县大西洋泵业制造有限公司"2013-11-04 实名认证"；

②（北京市海淀区）北京中科晶硕玻璃钢技术有限公司*"企业身份认证"。

＊增压稳压设备型号增另外标注→隔膜式气压罐同国标→配用水泵亦增另外标注。

罐型 SQL（W）同表列、泵型改为 25LG3 的生产厂家：

③（浙江省衢州市）浙江背德泵业有限公司"已认证"；

④（山东省淄博市）山东博文泵业有限公司"已认证"；

⑤（北京市房山区）北京美丰粤华泵业有限公司。

罐型 SQL（W）同表列、泵型删除未列的生产厂家：

⑥（上海市嘉定区）君邺实业（上海）有限公司"已初步通过企业认证"；

⑦（上海市金山区）上海奥力泵阀制造有限公司"谷瀑环保 2008 年认证"；

⑧（浙江省温州市永嘉县）温州科弘流体控制有限公司"谷瀑环保 2011 年认证"；

⑨（上海市金山区）上海高田制泵有限公司"实名认证"；

⑩（浙江省温州市永嘉县）浙江扬子江泵业有限公司"通过认证"；

⑪（浙江省绍兴市）绍兴市力多供水排水设备有限公司"已认证"；

⑫（安徽省肥西县）合肥硬派供水技术有限公司"已认证"；

⑬（浙江省温州市永嘉县）永嘉县泉顿泵业制造厂"企业身份认证"；

⑭（上海市松江区）上海鼎高机械制造有限公司"企业身份认证"；

⑮（广东省东莞市）江西新瑞洪泵业有限公司"企业身份认证"；

⑯（上海市金山区）炙旺泵阀（上海）有限公司"企业名称认证"；

⑰（上海市金山区）上海唐玛泵阀有限公司；

⑱（浙江省温州市永嘉县）永嘉县三利给水设备厂；

⑲（上海市宝山区）上海创新给水设备制造有限公司；

⑳（湖南省长沙市）长沙犀牛供水设备有限公司。

更改罐型 XQG（W）和泵型 25LG3 的生产厂家：

㉑（江苏省无锡市）无锡市创杰给水排水设备制造有限公司"2000-03-28 认证"；

㉒（上海市奉贤区）上海浦浪泵业制造有限公司"2012-12-01 认证"；

㉓（浙江省温州市永嘉县）永嘉县奥邦泵业制造有限公司"已认证"；

㉔（浙江省温州市永嘉县）温州申银防爆电机有限公司"已认证"；

㉕（广东省东莞市）东莞市涌泉供水设备有限公司"已认证"；

㉖（上海市松江区）上海宣一泵阀有限公司"企业身份认证"；

㉗（广东省广州市）广州市建图机械设备有限公司"企业身份认证"；

㉘（广东省东莞市）江西瑞丰制泵东莞办事处"通过认证"；

㉙（湖北省武汉市）湖北申博泵业有限公司"上海认证"；

㉚（浙江省温州市永嘉县）永嘉县弘凌泵阀有限公司；

㉛（上海市奉贤区）上海旋泉流体设备有限公司；

㉜（上海市奉贤区）上海荆东流体设备有限公司；

㉝（上海市闸北区）上海创精泵阀制造有限公司；

㉞（浙江省温州市永嘉县）上海丙洋泵业制造有限公司；

㉟（广东省东莞市）东莞现代水泵厂。

4）还有一些厂家（其中多家也"已认证"），只是网载形式多样但缺少设备型号，使得读者绕弯子难识庐山真面目，因而无法列入。

（2）"设备"型号标注

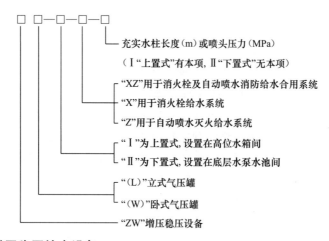

2. W 系列消防增压稳压给水设备

（1）W 系列消防增压稳压给水设备技术规格见表 9-3。

<table>
<tr><td colspan="10" align="center">W 系列消防增压稳压给水设备技术规格　　　　　　　　　　表 9-3</td></tr>
<tr><td rowspan="3">型号</td><td rowspan="3">消防稳压
下限压力
（MPa）</td><td colspan="2">气压水罐</td><td colspan="3">推荐消防稳压泵</td><td rowspan="3">稳压泵进出
水管管径
（mm）</td><td rowspan="3">控制柜
型号</td><td rowspan="3">主要生产
厂商</td></tr>
<tr><td rowspan="2">直径
（mm）</td><td rowspan="2">调节水容积
（m³）</td><td rowspan="2">型号</td><td rowspan="2">功率
（kW）</td><td rowspan="2">台数</td></tr>
<tr></tr>
<tr><td>WXP
0.27～1.08/
0.30-2</td><td>0.27～1.08</td><td>800</td><td>0.30</td><td>25LG3-
10×3～12</td><td>1.1～4.0</td><td>2</td><td>50</td><td>DKG70</td><td>青岛
三利集团
有限公司</td></tr>
</table>

| 型号 | 消防稳压下限压力（MPa） | 气压水罐 | | 推荐消防稳压泵 | | 台数 | 稳压泵进出水管管径（mm） | 控制柜型号 | 主要生产厂商 |
		直径（mm）	调节水容积（m³）	型号	功率（kW）				
WXS 0.24~0.96/0.30-2	0.24~0.96	800	0.30	25LG12-15×2~8	2.2~7.5	2	50	DKG70	青岛三利集团有限公司
WXH 0.24~0.96/0.45-2	0.24~0.96	1000		25LG12-15×2~8	2.2~7.5				

（2）型号意义说明

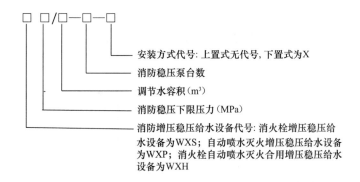

安装方式代号：上置式无代号，下置式为X
消防稳压泵台数
调节水容积（m³）
消防稳压下限压力（MPa）
消防增压稳压给水设备代号：消火栓增压稳压给水设备为WXS；自动喷水灭火增压稳压给水设备为WXP；消火栓自动喷水灭火合用增压稳压给水设备为WXH

9.2　增压稳压设备设置图式及基础数据 P_1 计算公式

设备按安装位置分为：上置式（即设在屋顶水箱间）增压稳压设备；下置式（即设在水泵间）增压稳压设备。

1. 设置图式

（1）上置式（即设在屋顶水箱间）增压稳压设备设置图式如图 9-1 所示，该图主要显示消火栓系统。

要点：当接入自动喷水系统时，应从报警阀入口前连接。

（2）下置式（即设在水泵间）增压稳压设备设置图式如图 9-2 所示。

2. 基础数据 P_1 计算公式

（1）当增压稳压设备置于顶部（即设在屋顶水箱间）从水箱自灌吸水，且最不利点消火栓低于"设备"时，消火栓系统基础数据 P_1 计算公式如下：

$$P_1 = H_3 + H_4$$

式中　H_3——水龙带的压力损失，mH_2O；

　　H_4——水枪喷射充实水柱长度所需压力，mH_2O。

（2）当增压稳压设备置于顶部（即设在屋顶水箱间）从水箱自灌吸水，且最不利点喷头低于"设备"时，自动喷水系统基础数据 P_1 计算公式如下：

$$P_1 = \Sigma H + H_0 + H_r$$

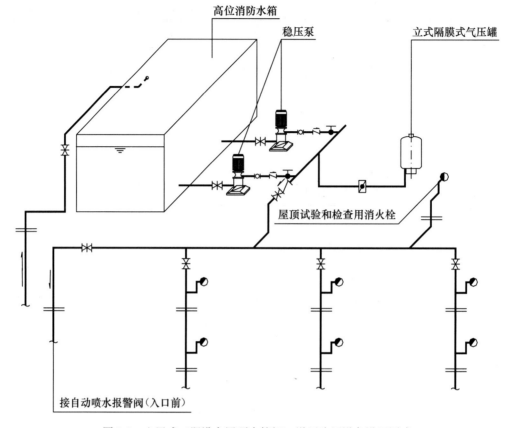

图 9-1　上置式（即设在屋顶水箱间）增压稳压设备设置图式

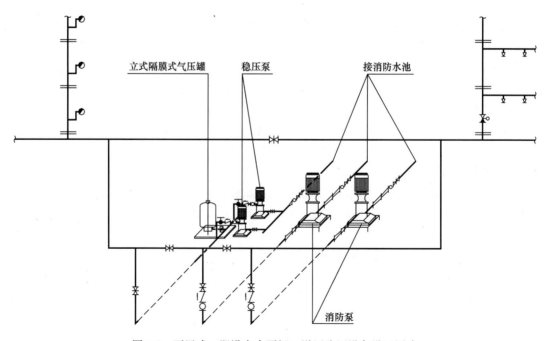

图 9-2　下置式（即设在水泵间）增压稳压设备设置图式

式中 ΣH——自动喷水管道至最不利点喷头的沿程和局部压力损失之和，mH_2O；

$\qquad H_0$——最不利点喷头的工作压，mH_2O；

$\qquad H_r$——报警阀的局部水头损，mH_2O。

（3）当增压稳压设备置于底部（即设在水泵间）从消防水池自灌吸水时，消火栓系统基础数据 P_1 计算公式如下：

$$P_1 = H_1 + H_2 + H_3 + H_4$$

式中 H_1——消防水池最低水位至最不利建筑物最高点消火栓的几何高度，mH_2O；

$\qquad H_2$——火灾初期两股消火栓流量，即 $2 \times 5.2 = 10.4 L/s$ 时管道系统的沿程和局部压力损失之和，mH_2O；

$\qquad H_3$——水龙带的压力损失，mH_2O；

$\qquad H_4$——水枪喷射充实水柱长度所需压力，mH_2O。

（4）当增压稳压设备置于底部（即设在水泵间）从消防水池自灌吸水时，自动喷水系统基础数据 P_1 计算公式如下：

$$P_1 = \Sigma H + H_0 + H_r + Z$$

式中 ΣH——自动喷水管道至最不利点喷头的沿程和局部压力损失之和，mH_2O；

$\qquad H_0$——最不利点喷头的工作压力，mH_2O；

$\qquad H_r$——报警阀的局部水头损失，mH_2O；

$\qquad Z$——最不利点喷头与消防水池最低水位（或供水干管）之间的几何高度，mH_2O。

9.3 【例】消防增压稳压设备的设计计算与选型

项目总仓库区位于我国西北某地，水池补水源位于相对较远的生产区。由于水源不能满足库区系统最不利点，甚至整个仓库区的消防水压需求，故设增压稳压设备和消防水泵，消防给水管道呈临时高压供水系统，通过本例探究增压稳压设备的设计计算与选型。管道平面图、剖面图、系统图如图 9-3～图 9-5 所示。

1. 设计参数

按原《建筑设计防火规范》GB 50016：

（1）室外消防用水量 20L/s，火灾延续时间 3h，一次火灾总用水量 216m³。

（2）室外消防给水当采用临时高压给水系统时，管道的供水压力应能保证用水总量达到最大且水枪在任何建筑物的最高处时，水枪的充实水柱仍不小于 10m。在计算水压时，应采用喷嘴口径 19mm 的水枪和直径 65mm、长度 120m 的有衬里消防水带，每支水枪的计算流量不应小于 5L/s。

（3）消火栓给水管道的设计流速不宜小于 2.5m/s。

2. 设计供水方案

鉴于接自生产区的消防水源，水量、水压均无法满足库区火灾时室外消防用水要求，于是设计采用临时高压供水系统，流程如下：

生产区来水→消防水池→$\left\{\begin{array}{l}稳压泵→立式隔膜式气压罐\\消防泵\end{array}\right\}$→室外消防管道

其中立式隔膜式气压罐、稳压泵及电控箱、仪表等组成的增压稳压设备是储存初期，即消防水泵（主泵）启动前扑救火灾的30s用水量的储水设备，同时起增压作用。

3. 设计计算

（1）求算 P_1

P_1 是本消防给水系统最不利点消火栓所需的消防压力，作为气压水罐的充气压力。是本"设备"运行的最低工作压力，是选用本"设备"的基础数据。

本"设备"设在通常所说的底层——水泵间，从泵房外消防水池吸水。

$$P_1 = H_1 + H_2 + H_3 + H_4 = 33.13 + 3.24 + 5.56 + 17.00 \approx 59 mH_2O$$

（2）设备选型

依据求算数据 $P_1 = 59 mH_2O$（即 0.59MPa），从 98S205/6～7 "立式增压稳压设备技术特性表"中选定立式隔膜式气压罐规格为：SQL1000×1.5，工作压力比 $\alpha_b = 0.78$。

（3）求算 P_2

由 $\alpha_b = \dfrac{P_1}{P_2}$ 得知 $P_2 = \dfrac{P_1}{\alpha_b} = \dfrac{59}{0.78} \approx 76 mH_2O$

（4）设定

$$P_{s1} = P_2 + 3 = 76 + 3 = 79 mH_2O$$
$$P_{s2} = P_{s1} + 6 = 79 + 6 = 85 mH_2O$$

4. 选定增压稳压设备

依据：$P_1 = 59 mH_2O$（0.59MPa）　　$P_{s1} = 79 mH_2O$（0.79MPa）

$P_2 = 76 mH_2O$（0.76MPa）　　$P_{s2} = 85 mH_2O$（0.85MPa）

选取 ZW(L)-Ⅱ-X-C 型增压稳压设备，运行压力依次为：

$P_1 = 0.65 MPa$　　　　　　　　$P_{s1} = 0.88 MPa$

$P_2 = 0.86 MPa$　　　　　　　　$P_{s2} = 0.93 MPa$

5. 消防泵吸水管、出水管水力计算

吸水管：$Q = 20 L/s$、$DN150 \rightarrow v = 1.13$（限值 1.0～1.2）

出水管：$Q = 20 L/s$、$DN150 \rightarrow v = 1.13$（限值 1.5～2.0）

6. 工作原理

（1）水泵间设置增压稳压设备和消防泵（一用一备）。

（2）工作原理：增压稳压设备具备下述两项功能：使消防给水管道系统最不利点始终保持消防所需压力；使气压水罐内始终储有30s消防水量。利用气压水罐所设定的 P_1、P_2、P_{s1}、P_{s2} 运行压力，控制水泵运行工况，达到增压稳压的功能。P_1 为最不利点消防所需压力（MPa），P_2 为消防泵启动压力（MPa），P_{s1} 为稳压泵启动压力（MPa），P_{s2} 为稳压泵停泵压力（MPa）。

平时管道系统如有渗漏等泄压情况，控制稳压水泵不断补水稳压，在 P_{s1}、P_{s2}（启泵↔停泵）之间反复运行。一旦有火情，管道系统大量缺水，造成 P_{s1} 压力下降，降至 P_2 时发出报警信号，立即启动消防泵。消防泵启动后，稳压泵自动停止，直至消防泵停止运转，手动恢复增压稳压设备的控制功能。

7. 关于消防水池水位控制

（1）消防水池进水管由活塞式液压水位控制阀操作，工作原理如下：

当水池内水位下降，浮球阀开启排水时，进水管内有压水将阀内活塞托起使密封面打开，阀门即开始供水；当水位上升到关闭水位（即最高水位1.330）时，浮球阀关闭，活塞下移将密封面封闭，阀门即停止供水。

（2）消防水池最高水位、消防水位及最低水位等灯光显示装置，详见电气专业设计图纸。

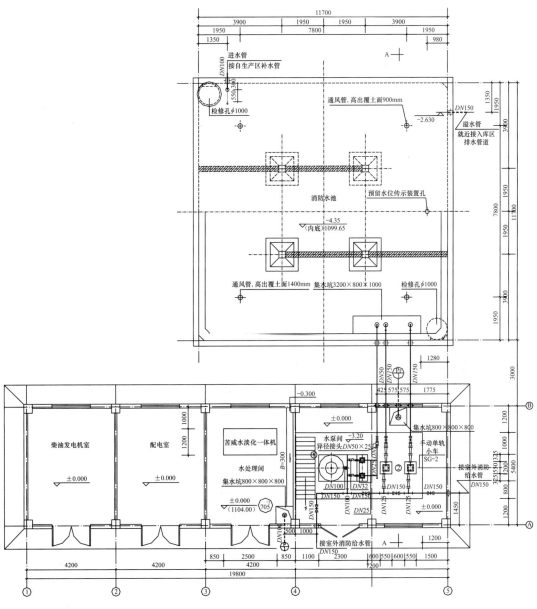

图9-3 管道平面图

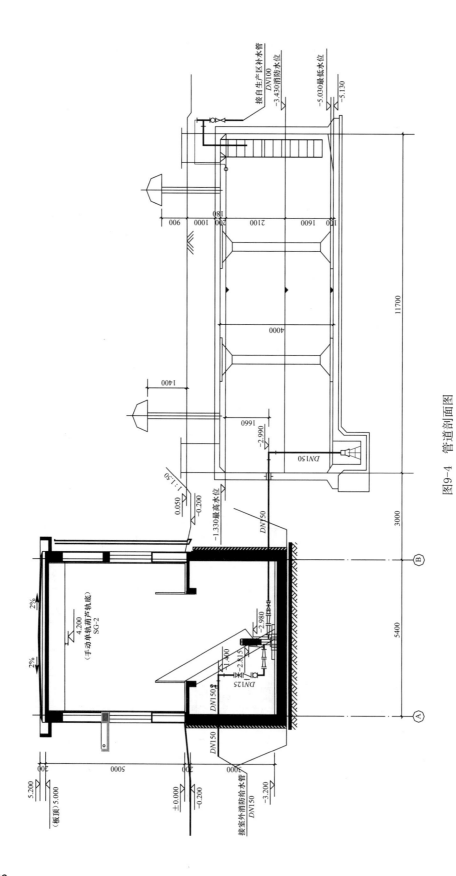

图9-4 管道剖面图

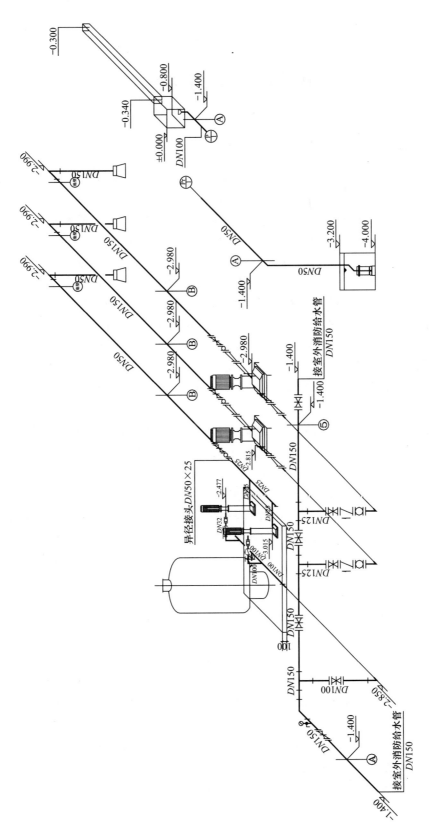

图9-5 管道系统图

第 10 章 消 防 给 水

10.1 室外消防（消火栓）给水系统类型

按原《建筑设计防火规范》（GB 50016—2006）8.1.3 条：室外消防给水系统按管网内的水压一般可分为高压、临时高压和低压三种类型。

高压和临时高压室外消火栓系统的供水压力应能保证用水总量达到最大且水枪在建筑物的最高处时，水枪的充实水柱不小于 0.1MPa。水压计算应采用喷嘴口径 19mm 的水枪和直径 65mm、长度 120m 的有衬里消防水带的参数，每支水枪的计算流量不应小于 5L/s。

低压系统室外消火栓栓口处的水压从室外地面算起不应小于 0.1MPa。

（1）高压消火栓给水系统：是指管网内的消防水源——高压市政给水管网、高位水池或大容量水塔等，经常保持足够的压力（最不利点处消火栓水枪的充实水柱≥0.1MPa）和消防用水量，火灾时无需使用任何消防设备加压，直接由消火栓接出水带就可满足水枪出水灭火要求的给水系统。

该系统建筑物低于 24m 时，消防管网可以与生产、生活给水合并，其水质应符合生活饮用水和生产用水水质标准。

根据火场实践，常高压系统扑救建筑室内火灾时，当建筑高度低于 24m 时，消防车可采用沿楼梯铺设水带单干线或从窗口竖直铺设水带双干线直接供水扑灭火灾。当建筑高度大于 24m 时，则"立足于自救"即立足于室内消防设施扑救火灾。

（2）临时高压消火栓给水系统：是指管道内平时水压不高，其水压和流量不能满足最不利点消火栓的灭火需要，水泵站（房）内设有专用高压消防水泵，同时配置水塔、屋顶消防水池（箱）或上、下置式气压罐、稳压泵及电控箱、仪表等组成的增压稳压设备等的给水系统。

平时及火灾初期所需的压力由水塔、屋顶消防水池（箱）或增压稳压设备维持，接到火警高压消防水泵开启使管道内压力升高到高压。

消防管网与生产、生活给水管网合并时，其水质应符合生活饮用水和生产用水水质标准。

规范指出：当室内采用高压或临时高压消火栓给水系统时，室外常采用低压消火栓给水系统。

注：①城市、居住区、企业事业单位的室外消防给水管道，在有可能利用地势设置高位水池或设置集中高压水泵房时，就有可能采用高压消火栓给水系统，一般情况多采用临时高压消火栓给水系统。

（3）低压消火栓给水系统：是指管网内平时水压较低，（水压≥0.1MPa），但不能满足室内消防水压要求，故要有消防车或移动式消防设备提供加压的给水系统。本系统需具备从接警起 5min 内到达责任区最远点的城镇消防站或（工厂）自备消防车、摩托轻便消防车、移动式手抬机动消防泵等。

该系统消防管网一般与生产、生活给水管网合并使用，适用于一般建筑和城市、居住区、企业事业单位的室外消防给水系统。

因消防管网与生产、生活给水管网合并使用，其水质应符合生活饮用水和生产用水水质标准。

关于消防车或移动式消防设备从低压给水管网上的消火栓取水的方式：一般消防车或移动式消防设备的吸水管直接接在消火栓上吸水，但灭火实践证明由于环境条件及消防队取水习惯，经常是将消火栓接上水带往消防车水罐内注水。

10.2 室内消火栓

1. 室内消火栓的设置位置

（1）单元式、塔式住宅的消火栓宜设置在楼梯间的首层和各楼层休息平台上，当设2根消防竖管确有困难时，可设1根消防竖管，但必须采用双阀双出口室内消火栓（SNSS型、SNSS-A型）；当层数超过18层时必须设置2根消防竖管。

干式消火栓竖管应在首层靠出口部位设置便于消防车供水的快速接口和止回阀。

（2）设有屋顶直升机停机坪的公共建筑，应在停机坪出入口处或非用电设备机房处设置消火栓，且距停机坪边缘的距离不应小于5.0m。

（3）消防电梯间前室内应设置消火栓。

（4）冷库内的消火栓应设置在常温穿堂或楼梯间内。

（5）剧院、礼堂等的消火栓应布置在舞台口两侧和观众厅内，在其休息室内不宜设消火栓，以利发生火灾时人员疏散。

（6）大房或大空间消火栓应首先考虑设置在疏散门的附近，不应设置在死角位置。

（7）在条件许可的情况下，消火栓可设置在楼梯间休息平台。

（8）设有消火栓的建筑，如为平屋顶时，宜在平屋顶上设置试验和检查用的消火栓。

（9）高层建筑的屋顶应设一个装有压力显示装置的检查用的消火栓，采暖地区可设在顶层出口处或水箱间内。

（10）除无可燃物的设备层外，设置室内消火栓的建筑物，其各层（高建含裙房）均应设室内消火栓。

（11）高级旅馆、重要的办公楼、一类建筑的商业楼、展览楼、综合楼等和建筑高度超过100m的其他高层建筑，应设消防卷盘；高层建筑的避难层也应设消防卷盘；消防卷盘的用水量可不计入消防用水总量。

（12）室内消火栓应设置在位置明显且易于操作的部位，如走道、楼梯附近；栓口离地面或操作基面高度宜为1.1m，其出水方向宜向下或与设置消火栓的墙面相垂直。消防卷盘一般设置在走道、楼梯口附近等显眼便于取用的地点；其设置间距应保证室内任何部位有一股水流到达。

2. 室内消火栓的设置规格

（1）原《建筑设计防火规范》：同一建筑物内应采用统一规格的消火栓、水枪和水带（每一条水带的长度不应大于25m）。

依据现行《给水排水设计手册》（第三版）第2册《建筑给水排水》，室内消火栓应采用SN65消火栓，其水枪和消防卷盘的配置应符合下列要求：

1）室内消火栓设计用水量＞10L/s时，配19mm或16mm的水枪；

2）室内消火栓设计用水量≤10L/s时，配13mm的水枪；

3）消防卷盘胶管宜采用φ25，长度为30m，并配有6mm的水枪。

（2）原《高层民用建筑设计防火规范》：消火栓应采用同一型号规格。消火栓的栓口直径应为65mm，水带长度不应超过25m，水枪喷嘴口径不应小于19mm。

3. 消火栓间距和允许同时使用的水枪数量

（1）消火栓间距

室内消火栓的间距应由计算确定，同时应符合以下现行规范最大间距要求。

1）原建筑设计防火规范：高层厂房（仓库）、高架仓库和甲、乙类厂房中室内消火栓的间距不应大于30m；其他单层和多层建筑中室内消火栓的间距不应大于50m。

2）原高层民用建筑设计防火规范：高层建筑不应大于30m，裙房不应大于50m。

（2）允许同时使用的水枪数量

1）建筑高度≤24m且体积≤5000m³的多层仓库，可采用1支水枪充实水柱到达室内任何部位。

① 当室内只设一排消火栓时，其布置见图10-1。消火栓间距可按下式计算：

$$S_1 = 2\sqrt{R^2 - b^2}$$

式中　S_1——一排消火栓一股水柱时的消火栓间距，m；

　　　R——消火栓的保护半径，m；

　　　b——消火栓的最大保护宽度，m。

② 当室内宽度较宽，需要布置多排消火栓时，其布置见图10-2。消火栓间距可按下式计算：

$$S_n = \sqrt{2}R = 1.414R$$

式中　S_n——多排消火栓一股水柱时的消火栓间距，m；

　　　R——消火栓的保护半径，m。

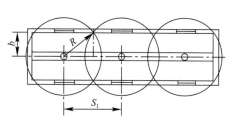

图10-1　一股水柱时消火栓布置间距

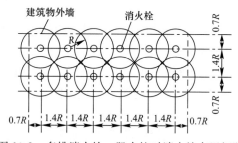

图10-2　多排消火栓一股水柱时消火栓布置间距

2）除了建筑高度≤24m且体积≤5000m³的多层仓库外，其他低层、多层工业与民用建筑、高层建筑等室内消火栓的布置：应保证每一个防火分区同层或同层相邻两根竖管，有两支水枪的充实水柱同时到达被保护范围的任何部位。

① 当室内只设有一排消火栓时，其布置见图10-3。消火栓间距可按下式计算：

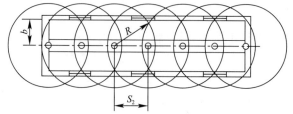

图10-3　两股水柱时的消火栓布置间距

$$S_2 = \sqrt{R^2 - b^2}$$

式中 S_2——一排消火栓两股水柱时的消火栓间距，m；

R——消火栓的保护半径，m；

b——消火栓的最大保护宽度，m。

② 当室内需要多排消火栓时，其布置见图10-4。

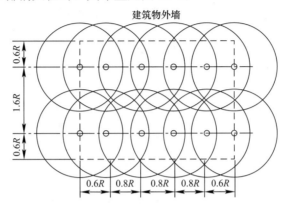

图 10-4 多排消火栓两股水柱时的消火栓间距

4. 消火栓水枪充实水柱的长度

水枪的充实水柱应通过水力计算确定，并应符合相关规范要求。

（1）原建筑设计防火规范：甲、乙类厂房、层数超过6层的公共建筑和层数超过4层的厂房（仓库），不应小于10m；高层厂房（仓库）、高架仓库和体积大于25000m³ 的商店、体育馆、影剧院、会堂、展览建筑，车站、码头、机场建筑等，不应小于13m；其他建筑，不宜小于7m。

（2）原高层民用建筑设计防火规范：建筑高度不超过100m 的高层建筑不应小于10m；建筑高度超过100m 的高层建筑不应小于13m。

5. 消火栓处直接启动消防水泵的按钮①设置要求

（1）原建筑设计防火规范：高层厂房（仓库）和高位消防水箱静压不能满足最不利点消火栓水压要求的其他建筑，应在每个室内消火栓处设置直接启动消防水泵的按钮，并应有保护设施②。

（2）原高层民用建筑设计防火规范：临时高压给水系统的每个消火栓处应设直接启动消防水泵的按钮，并应设有保护按钮的设施。

注：①常高压消防给水系统能经常保持室内给水系统的压力和流量，可不设置室内远距离启动消防水泵的按钮。采用稳压泵稳压时，当室内消防管网压力降低时能及时启动消防水泵的，也可不设远距离启动消防水泵的按钮。

②启动按钮一般放在消火栓箱内或放在有玻璃保护的小壁龛内。

6. 消火栓栓口静水压力

消火栓栓口的静水压力不应大于1.00MPa，当大于1.00MPa 时，应采取分区给水系统。因为消火栓栓口处静水压力如果过大，再加上扑救火灾时水枪的启闭产生水锤作用，可能使给水系统中的设备受到破坏。

消火栓栓口的出水压力大于0.50MPa 时，应采取减压措施。因出水压力超过0.50MPa时，水枪的反作用力大，1人难以操作。但为确保水枪的有效射程，减压后消火栓栓口的出水压力不应小于0.25MPa。

参 考 文 献

[1] 中国城市规划设计研究院. GB 50180—1993 城市居住区规划设计规范（2002 年版）[S]. 北京：中国标准出版社，2002.

[2] 中国建筑技术研究院. GB 50096—1999 住宅设计规范 [S]. 北京：中国建筑工业出版社，1999.

[3] 中华人民共和国住房和城乡建设部. GB 50096—2011 住宅设计规范 [S]. 北京：中国计划出版社，2012.

[4] 中国建筑科学研究院. GB 50386—2005 住宅建筑规范 [S]. 北京：中国建筑工业出版社，2006.

[5] 中国预防医学中心卫生研究所. GB 5749—1985 生活饮用水卫生标准 [S]. 北京：中国标准出版社，1986.

[6] 中国疾病预防控制中心环境与健康相关产品安全所等. GB 5749—2006 生活饮用水卫生标准 [S]. 北京：中国标准出版社，2007.

[7] 建筑工程部. GBJ 15—1964 室内给水排水和热水供应设计规范 [S]. 北京：中国工业出版社，1965.

[8] 上海现代建筑设计（集团）有限公司等. GB 50015—2003 建筑给水排水设计规范（2009 年版）[S]. 北京：中国计划出版社，2010.

[9] 公安部天津消防研究所会同天津市建筑设计院等. GB 50016—2006 建筑设计防火规范 [S]. 北京：中国计划出版社，2006.

[10] 中华人民共和国住房和城乡建设部. GB 50016—2014 建筑设计防火规范 [S]. 北京：中国计划出版社，2015.

[11] 中华人民共和国公安部消防局. GB 50045—1995 高层民用建筑设计防火规范 [S]. 北京：中国计划出版社，1995.

[12] 公安部天津消防科学研究所. GB 50084—2001 自动喷水灭火系统设计规范 [S]. 北京：中国计划出版社，2001.

[13] 中华人民共和国住房和城乡建设部. GB 50265—2010 泵站设计规范 [S]. 北京：中国计划出版社，2011.

[14] 广东佛山市南海永兴阀门制造有限公司. GB/T 25178—2010 减压型倒流防止器 [S]. 北京：中国标准出版社，2011.

[15] 中华人民共和国工业和信息化部. JB/T 11151—2011 低阻力倒流防止器 [S]. 北京：机械工业出版社，2011.

[16] 北京市市政工程管理处等. CJ 343—2010 污水排入城镇下水道水质标准 [S]. 北京：中国标准出版社，2011.

[17] 北京东方海联科技发展有限公司等. CJ/T 295—2008 餐饮废水隔油器 [S]. 北京：中国标准出版社，2008.

[18] 住房和城乡建设部给水排水产品标准化技术委员会. CJ/T 160—2010 双止回阀倒流防止器 [S]. 北京：中国标准出版社，2010.

[19] 中华人民共和国住房和城乡建设部. CJ/T 409—2012 玻璃钢化粪池技术要求 [S]. 北京：中国标准出版社，2013.

[20] 中国建设设计研究院等. CECS 14—2002 游泳池和水上游乐池给水排水设计规程 [S]. 北京：中

国标准出版社，2007.

[21] 全国化学建材协调组等. 国家化学建材产业"十五"计划和 2010 年发展规划纲要 [J]. 绿色建筑，2000（6）：13—16.

[22] 《给水排水设计手册》编写组. 给水排水设计手册 第三册：室内给水排水及热水供应 [M]. 北京：中国工业出版社，1968.

[23] 《给水排水设计手册》编写组. 给水排水设计手册 第二册：管渠水力计算表 [M]. 北京：中国建筑工业出版社，1973.

[24] 《给水排水设计手册》编写组. 给水排水设计手册 第三册：室内给水排水与热水供应 [M]. 北京：中国建筑工业出版社，1973.

[25] 中国市政工程西南设计院. 给水排水设计手册 第1册：常用资料 [M]. 北京：中国建筑工业出版社，1986.

[26] 核工业部第二研究设计院. 给水排水设计手册 第2册：室内给水排水 [M]. 北京：中国建筑工业出版社，1986.

[27] 上海市政工程设计院. 给水排水设计手册 第3册：城市给水 [M]. 北京：中国建筑工业出版社，1986.

[28] 中国市政工程西南设计研究院. 给水排水设计手册 第1册：常用资料 [M]. 第二版. 北京：中国建筑工业出版社，2001.

[29] 核工业第二研究所. 给水排水设计手册 第2册：建筑给水排水 [M]. 第二版. 北京：中国建筑工业出版社，2001.

[30] 中国核电工程有限公司. 给水排水设计手册 第2册：建筑给水排水 [M]. 第三版. 北京：中国建筑工业出版社，2012.

[31] 中国市政工程西北设计研究院有限公司. 给水排水设计手册 第11册：常用设备 [M]. 第三版. 北京：中国建筑工业出版社，2014.

[32] 陈耀宗，姜文源，胡鹤钧等. 建筑给水排水设计手册 [M]. 北京：中国建筑工业出版社，1992.

[33] 中国建筑设计研究院. 建筑给水排水设计手册（上册）[M]. 第二版. 北京：中国建筑工业出版社，2008.

[34] 中国建筑设计研究院. 建筑给水排水设计手册（下册）[M]. 第二版. 北京：中国建筑工业出版社，2008.

[35] "给水工程"教材选编小组. 给水工程（上册）[M]. 北京：中国工业出版社，1961.

[36] 靳志琪. 火灾 [M]. 北京：国防工业出版社，1984.

编　后　语

　　书稿累计 200 多页，按文稿一般要求后记或者后语只能简明扼要抓住要点。为此，就亲身体会和应掌握的相关要点、重点及主要内容对其中几个条目进行引申或完善。

　　多年来，无论身处设计大院还是设计事务所，同行使用的实用工具书多为：1986 年版紫皮《给水排水设计手册》和 1992 年版白皮《建筑给水排水设计手册》。当初看到 2001 年第二版和 2012 年第三版《给水排水设计手册》以及 2008 年版《建筑给水排水设计手册》〈第二版上、下册〉时我确为震惊，于是书写两套实用工具书的发展过程在心底油然而生。目的在于告诫同仁：1986 年版紫皮《给水排水设计手册》已显陈旧，2001 年第二版《给水排水设计手册》经十余年应用，其知识内容亦已显陈旧，设计理念也显落后；1992 年版白皮《建筑给水排水设计手册》也被新的版本替代。以上版本应停止使用，而使用现行的两套新编实用工具书：2012 年第三版《给水排水设计手册》；2008 年版《建筑给水排水设计手册》（第二版）上、下册。

　　对建筑给水排水设计规范 3.7.7 条的注释有两个要点：①当利用城镇给水管网压力直接进水时，应设置与进水管管径相同的自动水位控制阀。当采用直接作用式浮球阀时，由于浮球阀出口是进水管断面 40%，故需设置 2 个且进水管标高应一致。②当水箱采用水泵加压进水时，进水管上不应设置水位控制阀，应设置液位传感装置控制加压水泵的启、停。a. 对于由单台加压泵向单个调节水箱供水时，则由水箱的水位通过液位传感信号控制水泵的启、停。图例：屋顶高位水箱单泵供水投入式液位计控制方式；屋顶高位水箱单泵供水浮球式液位计控制方式。b. 对于一组水泵同时供给多个水箱时，水位控制阀易于受损，尤其是最后注满的水箱水位控制阀所受的冲击比单个水箱的要大。于是，应在每个水箱的进水管上设置电磁先导水力控制阀或电动阀和液位传感器，通过水位监控仪实现水位自动控制。图例：一组水泵同时供给 3 个屋顶高位水箱投入式微电脑控制方式；一组水泵同时供给 3 个屋顶高位水箱浮球式微电脑控制方式。

　　建筑物引入管及室内给水管道布置主要应掌握：室内给水管道不得布置在遇水会引起燃烧、爆炸的原料、产品（即遇水燃烧物质，亦称遇湿易燃物品）和设备的上面。凡遇水或与潮气接触能发生剧烈反应，并分解产生可燃气体，同时放出热量使可燃气体温度猛升到自燃点，从而引起燃烧爆炸的物质，均称为遇水（湿）燃烧物质。此类物质工程设计常不多见，易于疏忽遗漏。这类物质的特征及消防药剂长期来不为广大工程技术人员熟知。于是用了很长时间从网络索取还真有回报，遇水燃烧物质暨灭火药剂得以列表展示，并按一级遇水燃烧物质、二级遇水燃烧物质、其他遇水致燃物品共三类书写遇水燃烧物质的特征。

　　锅炉排污降温池其选用表是重点。各位同行应该熟知：国家标准图集《小型排水构筑物》（04S519），锅炉排污降温池仅按钢筋混凝土池设计。91SB4（1991）建筑设备施工安装通用图集（排水工程），砖砌排污降温池结构尺寸分为 1 号；2、3 号；4、5、6 号共 3 个类别。91SB4-1（2005）建筑设备施工安装通用图集（排水工程），砖砌排污降温池结构尺寸分为 1、2 号；3～5 号共 2 个类别。同时列出 88S238 锅炉排污降温池国家标准图集

（废止）；88S238（二）锅炉排污降温池（砖砌溢流式）；88S238（四）锅炉排污降温池（砖砌虹吸式）。之所以一一列出，是为一旦工程需要留条后路。

玻璃钢化粪池和地埋式一体化污水处理设备主要为使设计者便于选用提供—180个玻璃钢化粪池生产厂家；103个地埋式一体化污水处理设备生产厂家。

2011~2015中国电（即热式、燃气）热水器十大品牌；2016中国热水器（中国热水器、中国电热水器、中国即热式热水器、中国燃气热水器）十大品牌排名。主要指建筑用热水器，这类产品目前还无产品名录，设计人员只能上网选用，而网络真真假假有时真的难一辨别。为此，可以说耗时长久反复琢磨，最终找到了官方门户网站或接近官网的网站，觉得靠谱于是一一列出，以便选用。

书籍即将出版，此时此刻我确情不自禁甚感忐忑不安。其一，写作时尽管举一反三尽可作到知其然也知其所以然，每个条目都探索追究不经意使篇幅增多，于是担心存在差错贻误读者。其二，一旦书籍出版便无所事事难度时日。可好，近期经历的两件事使我受益匪浅茅塞顿开。一件是看养生堂节目得知，老年人经常用脑可防痴呆；另外一件是前不久网络关于老年痴呆症测试—222＝6.333＝6.444＝6.555＝6.666＝6.777＝6.888＝6.999＝6，给式子加上合适的数学运算符号使等式成立（只能加符号不能加数字）！解1道属重度痴呆．解2道属中度痴呆．解3道属轻度痴呆．解4~5道不痴呆但也需警惕．解6道很聪明．解7道智商很高．全部解对是天才。我（78岁）和老伴（75岁）平常爱动脑，8道题不知不觉全部答对。这件事给予我俩时常用脑谨防痴呆的勇气。养生堂一个92岁高龄老人就因爱动脑，耳聪目明、精气神真好，与其相比我更该努力。